伊甸园的飞龙

[美]卡尔·萨根（Carl Sagan）著　秦鹏译

THE DRAGONS OF EDEN

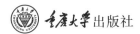

重庆大学出版社

人类处于神与兽之间，时而倾向一类，时而倾向另一类；有些人日益神圣，有些人变成了野兽，大部分人保持中庸。

——普罗提诺

我与野狗为弟兄，与鸵鸟为同伴。

《约伯记》

我遗憾地意识到，这本书得出的主要结论，也就是人类是某种低级生命形态的后代，会让很多人不舒服。然而很少有人怀疑我们是野蛮人的后代。在一处蛮荒破败的海滩上，我第一次见到一群火地岛土著时感受到的震惊，是我永远不会忘记的，因为当时我的脑海里立刻闪过一个念头——我们的祖先就是这个样子。这些人完全不着片缕，浑身上下胡乱涂抹着颜料。他们长发杂乱，兴奋得口泛白沫，脸上写满了野蛮、震惊和怀疑。他们基本上没有任何艺术，像野生动物一样，靠自己能够逮到的猎物过活；他们没有政府，冷酷对待自己小部落之外的所有人。在自己的家乡见过野蛮人的人，如果他被迫承认自己的血管里流淌着低贱得多的生物的血，他也不会感受到多少羞耻。至于我自己，我会很乐意接受自己的祖先是那只为了拯救主人性命而直面强敌的英勇小猴，或者来自山间，从一群震惊的狗当中胜利运走自己年轻同伴的老狒狒，一如我愿意承认自己的祖先是乐于折磨敌人、以血祭供奉神灵、心无怜悯地杀婴、对待自己的妻子犹如奴隶、不懂得任何体面、执迷于最荒唐迷信的野蛮人。

　　尽管并不是通过自己的努力，但人类已经爬到了有机世界的顶峰，所以如果人类因此略感骄傲，大概也是可以理解的。而人类身居此位乃是经由爬升而非亘古通今的安排这一事实，或许能令我们期待在遥远的未来拥有更加美好的命运。但是在这里我们并不关注希望或者恐惧，而是只关注理性允许我们能够发现的全部真相。我已经尽我所能地给出了证据，我们必须承认，正如我所认为的那样，人类虽然具备种种高贵的品质，对最底层的人心怀同情，对他人乃至最卑贱的生物都会施加善行，能够以上帝般的睿智参透太阳系的运行和结构——尽管拥有所有这些崇高的能力——人类身体上依然携带着低等先祖留下的不可磨灭的印记。

查尔斯·达尔文

《人类的由来》

导 言

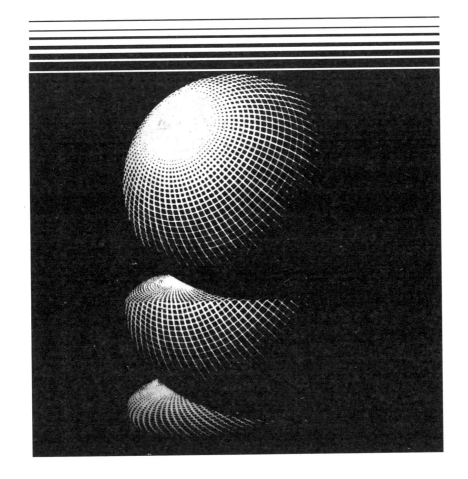

若要发表一篇好的谈话，谈话人的意识难道不应该了解所要言及之物的真相吗？

柏拉图

《柏拉图对话录·斐德罗篇》

在任何文学作品中，无论古代的还是当代的，我都不知道哪里可以找到一种文字，能够描述我所熟知的那种自然。神话是其中最为接近的。

亨利·大卫·梭罗

《梭罗日记》

雅各布·布鲁诺斯基是一位认为人类所有的知识——艺术和科学、哲学和心理学都很有趣而且可以学会的人。这样的人在任何一个时代都不多。他没有局囿单一的某个学科，而是在整个人类知识领域广泛涉猎。他的书以及同名电视剧《人类的攀升》是一套极好的教学工具，也是一座不朽的丰碑。从某个方面来说，它们揭示了人类与人脑是怎样共同成长的。

他的最后一章 / 集名为"漫长的童年"，描述了与自身寿命比较而言，人类的童年期长于任何其他物种。在这一时期，幼童依赖成年人，而且表现出高度的可塑性，也就是从环境和文化中学习的能力。地球上大多数有机体依赖遗传信息远甚于非遗传信息，前者是被"预置"到神经系统中的，而后者则要在一生当中获取。对人类而言，事实上是对所有哺乳动物而言，情况则恰恰相反。尽管我们的行为仍然明显地受到基因的控制，但凭借我们的大脑，我们还是有着很大的机会在短期内产生新的行为和文化模式。我们与大自然达成了某种交易：我们的儿童将难于抚养，但是他们学习新知的能力将极大提高人类的生存机会。另外，在人类历史最近的千分之几的时间里，我们不仅发明了非遗传知识，还创造了体外知识：储存在我们身体之外的信息，其中文字是最值得一提的例子。

进化或者基因改变所需的时间非常长。从一个物种中出现另一个更加高级物种的特征周期大概是 10 万年，而关系密切的两个物种——比如狮和虎——之间的行为差异往往并不显著。人类机体最近的一次进化实例是我们的脚趾。大脚趾在行走时起到了重要的平衡作用，其他脚趾的作用则没有那么明显。它们显然是从类似手指的肢体进化而来的，而这种肢体可以用来抓握和摇荡，就像树栖的猿和猴那样。这种进化包含了一种再次特异化的过程：原本进化出了某种功能的有机体为了适应另一种全然不同的功能而继续进化——这大约需要1 000万年（山地大猩猩的脚经历过类似但完全独立的进化过程）。

然而，如今我们没有1 000万年的时间来等待下一次进化。我们生活的这个时代，世界改变的速度前所未有。尽管这些改变大部分都是由我们自己造成的，但它们还是不容忽视。我们必须随之调整、适应，并掌握控制权，否则便会灭亡。

只有一套非遗传性的学习系统才有可能应对我们这个物种所面对的日新月异的环境。因此人类智能近期的迅速进化不仅仅是困扰我们的很多严重问题的原因，更是它们唯一可能的解决之道。唯有更加透彻地理解人类智能的本质和进化，我们才可能明智地应对未知而凶险的未来。

我对智能的进化感兴趣还有另外一个原因。人类历史上第一次，我们掌握了一种强有力的工具——大型射电望远镜。它能够在广袤无垠的星际空间实现通信。我们刚刚开始以一种踌躇而试探性的方式部署这种工具，来判断在难以想象的远方，那些奇异的星球上，是否有其他文明在向我们发送无线电信号，不过我们部署的步伐也显然正在加快。其他文明的存在和他们所发送信息的性质可能都依赖于地球上智能进化过程的普适性。可以想象的是，对地球上智能进化的研究可能会对寻找外星智能提供有用的线索和洞见。

1975年在多伦多大学，我第一次有幸发表雅各布·布鲁诺斯基自然哲学纪念演说。本书的撰写实际上是对那次演说内容的扩充，同时我也获得了在非自身专业领域有所进益的令人振奋的机会。我感受到一种难以遏制的冲动，要将我所学到的一些知识整合到一个统一的图景之中，并且针对人类智能的性质和进化提出一些新颖或者至少尚未得到广泛讨论的假说。

这个课题并不简单。尽管我在生物学方面受过专业的训练，也曾经多年从事生命起源及早期进化的研究，但是在脑的解剖学和生理学方面，我几乎没有接受过正式的教育。因此我惴惴不安地提出后文的观点：我非常清楚这些观点中有一些是思辨性的，只能在实验中被证实或者证伪。至少，这次探索让我有机会钻研一个令人着迷的专业，而且我的意见或许会激励其他人更加深入地钻研。

生物学中的一项伟大原理，或者说就我们所知，将生物学与物理科学区分开的一项原理，是自然选择造成的进化。这是查尔斯·达尔文和阿尔弗雷德·拉塞尔·华莱士在19世纪中期的杰出发现。[1]正是经由自然选择，碰巧更加适应环境的有机体获得了更大的生存和繁殖机会，现代生命形式的优雅和美丽才得以呈现。与脑同样复杂的有机系统的发展注定不可避免地取决于生命的早期历史；取决于生命的适应、创生和终结；取决于当变化的环境再次将一度极为适应的生命置于濒临灭绝的险境时，有机体迂回的适应过程。进化是偶发而没有前瞻性的。只有适应性稍差的有机体的大量死亡，今天的我们、脑

---

[1]自从维多利亚时代威尔伯福斯主教和赫胥黎进行的那次著名的辩论以来，达尔文和华莱士的思想一直遭受着持续不断但又明显徒劳无功的攻击。攻击者们往往引用教义来软磨硬泡。进化是一项事实，得到了化石记录和当代分子生物学的充分证明。自然选择是用于解释进化这一事实的成功理论。针对最近那些批评自然选择的声音，包括称其为同义反复（"生存者生存"）的古怪想法，若要做出非常礼貌的回应，可以读一下在本书参考文献中列出的古尔德（Gould，1976）的文章。达尔文当然受到其时代的局限，而且偶尔会沾沾自喜地沉迷于欧洲人与其他民族之间的对比——就如同前文所引他对火地岛居民的评论一样。事实上，技术时代之前的人类社会更像是喀拉哈里沙漠的布什曼族采集狩猎者建立的社会——他们心存悲悯，富有教养，实行公有制度，而不像是被达尔文有些自以为是地嘲讽的火地岛人。但是达尔文的深刻见解——关于进化的存在，关于自然选择是进化的首要原因，以及这些概念与人类本性的关联——是人类研究史上的里程碑。考虑到这些思想在维多利亚时代的英国引发的顽固抵制，它们的重要性更加明显，因为这种抵制一直延续至今，只是程度有所减轻。

以及一切，才能得以存在。

　　生物学其实更像是历史而非物理。过去的事故、错误和幸运的意外强有力地决定了现在。在探讨像人类智能的性质和进化这样艰深的生物学问题时，我认为对来自脑进化的观点给予重视至少称得上是明智的。

　　我对脑的基本假设是，它的运作——也就是通常我们所称的"意识"——是其解剖结构和生理功能的结果，仅此而已。"意识"可能是脑的多个组成部分分别或者共同行为的结果。某些过程可能是脑作为一个整体的功能。这一专业里的一些学生似乎已经得出了结论，由于他们无法分离并定位所有的高级脑功能，所以未来的神经解剖学家也将无法做到这一点。但是缺乏证据并不能说明没有证据。整个生物学的近代史都在证明，我们在很大程度上是一些极为复杂的分子相互作用的结果，而曾被认为是生物学圣中之圣的基因材料的性质，也已经从构成它们的核酸——DNA 和 RNA，及其功能实现者蛋白质的化学性质的角度，得到了根本性的理解。科学中有很多例子，尤其是生物学中，那些最了解研究对象之错综复杂的人，比起没那么了解的人，更加有种研究对象神秘莫测的感觉（这种感觉归根结底是错误的）。另外，我也很清楚，了解太少的人可能会误将蒙昧当成理解。无论如何，有鉴于生物学近代史中的明显趋势，也因为没有证据支持，我在本书中绝不会取悦一度被称为意识－身体二元论的假说。这一说法认为栖居于物质的身体之内的，是某种材料完全不同的东西，名为意识。

　　这一课题带来的乐趣乃至真正的欣喜，一部分是源自它与人类探索的所有领域之间的关联，尤其是来自脑生理学和人类的内省这两个领域的见解之间可能的相互作用。所幸人类内省的历史已经非常久远。在过去的时代，最丰富和复杂、意义最深远的内省被称为神话。

4 世纪的索尔斯蒂尤斯宣称"神话"就是"从未发生但一直被口耳相传的事情"。在《柏拉图对话录》和《理想国》中，每当苏格拉底开始编造神话——其中洞穴寓言是最著名的例子，我们便知道自己读到了某些核心的内容。

我在这里使用"神话"一词，并非采用其当代最流行的含义，也就是被广泛相信但并非事实的事情，而是其早期含义，也就是对某种微妙得难以用其他方式描述之话题的隐喻。与此相应地，我在后文的探讨中，偶尔会提及古代和现代神话。本书书名的选取，便是由几则传统及当代神话作为对本书主题的隐喻，其贴切程度出乎了我的意料。

尽管我希望我的一些结论能够引起以研究人类智能为专业的人士的兴趣，但这本书的目标读者其实是那些感兴趣的门外汉。第二章中出现的一些论点要难于本书的其他章节，但我仍旧希望读者仅需稍加努力便能够领悟。在那之后，本书应当是浅显易读一如顺水行舟。偶有的技术术语第一次出现时通常会有解释，而且它们还会被收录到术语表中。插图和术语表是针对没有正规科学背景人士的额外辅助工具，尽管我认为理解我的论点与赞同我的论点并不是一回事。

1754 年，让 - 雅克·卢梭在他的《论人类不平等的起源和基础》第一部分开头写道：

> 尽管为了正确评价人的自然状态，从他的起源来研究人是重要的，但我无法通过人的连续进化理解人的组织。在这个课题上，我只能形成模糊且几乎是想象中的推测。……比较解剖学只取得了很小的进展，自然主义者的观察太不确定，无法为任何可靠的推理提供坚实的基础。

卢梭在两个世纪以前的警告时至今日依然恰如其分。不过在比较脑解剖学和动物及人类行为的探索领域已经有了长足的进步。卢梭正确地将此认作解决问题的关键。在今日初步尝试将它们综合起来也许算不上为时过早。

目　录

第一章
宇宙日历

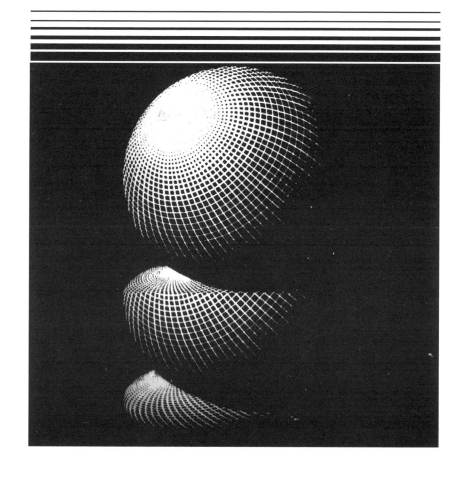

在黑暗的过往和时间的深渊中，你还看到了什么？

威廉 · 莎士比亚

《暴风雨》

世界是非常古老的，人类则非常年轻。我们以年甚或更加短暂的时间单位标注个人生命中的重大事件；以十年为单位衡量我们的一生；以世纪为单位计算我们的家族谱系；以千年为单位记载整个有记录的历史。但是我们之前的漫长时间能够一直追溯到极其久远的过去，而我们对那些时代知之甚少——这既是因为缺乏书面记录，也是因为我们真的很难理解这种巨大的时间跨度。

但是我们已经能够确定遥远的古代事件发生的时间。地质分层和放射性碳年代测定法可以提供考古学、古生物学和地质学方面的信息；天体物理学理论则提供了行星表面、恒星和银河系年代的数据，同时还估算出从名为大爆炸的重大事件发生至今，时间已经流逝了多少。当前宇宙中的所有物质和能量都曾经是大爆炸的参与者，它有可能是宇宙的开端，也可能是一个断点——宇宙更早期的信息系数被毁的时刻。不过可以肯定的是，大爆炸是我们有记录的最早事件。

呈现这一宇宙大事记的方式当中，在我看来最有启发意义的，便是将宇宙（或者说至少是以大爆炸为始的当前这个阶段）150亿年的历史压缩成一年的时间。于是地球历史的每个10亿年对应着我们的宇宙年中的大约24天，而这一年的每一秒相当于地球绕着太阳实实在在地绕了475圈。我以3个图（见图1-1—图1-3）呈现了这一宇宙年历：12月之前一些有代表性的日期列表、12月的月历，以及新年前夜的时间列表。在这个时间尺度下，我们历史课本中的事件——哪怕是那些着重表现今日的书——被压缩得有必要逐秒叙述这一年的最后几秒。哪怕是这样，我们还是会发现，那些在我们所受到的教育中被认为相隔甚远的事件其实被列在了同一个时代。在生命的历史上，其他的时期肯定也曾经有丰富的事件密织如锦——比如4月6日的10时2分至10时3分或者9月16日。但是只在这一宇宙年的末尾，我们才拥有详细的记录。

<table>
<tr><td colspan="2" align="center">12月之前的宇宙日历</td></tr>
<tr><td>大爆炸</td><td align="right">1月1日</td></tr>
<tr><td>银河系的起源</td><td align="right">5月1日</td></tr>
<tr><td>太阳系的起源</td><td align="right">9月9日</td></tr>
<tr><td>地球的形成</td><td align="right">9月14日</td></tr>
<tr><td>地球生命的起源</td><td align="right">约9月25日</td></tr>
<tr><td>地球上已知最古老岩石的形成</td><td align="right">10月2日</td></tr>
<tr><td>最古老的化石（细菌和蓝菌）日期</td><td align="right">10月9日</td></tr>
<tr><td>性的出现（微生物）</td><td align="right">约11月1日</td></tr>
<tr><td>最早的光合作用植物化石</td><td align="right">11月12日</td></tr>
<tr><td>真核生物（最早有细胞核的细胞）兴盛</td><td align="right">11月15日</td></tr>
</table>

图 1-1　12月之前的宇宙日历

　　这一年表反映的是目前我们手中最可靠的证据。但是其中有一些还是不太可靠。比方说，假如以后发现植物是在奥陶纪而非志留纪登上陆地，或者分节虫出现在比前寒武纪更早的年代，人们是不应该大惊小怪的。另外，在年表的最后10秒中，我显然无法列出所有的重大事件。我希望读者能够理解我没有明确地提及艺术、音乐和文学方面的进步，以及美国、法国、俄国和中国革命等具有重大历史意义的事件。

宇宙日历 12 月

星期日	星期一	星期二	星期三	星期四	星期五	星期六
	1 地球开始形成明显含氧的大气层	2	3	4	5 火星上形成大量火山和峡谷	6
7	8	9	10	11	12	13
14	15	16 蠕虫出现	17 前寒武纪结束，古生代寒武纪开始 无脊椎动物兴盛	18 海洋浮游生物出现 三叶虫兴盛	19 奥陶纪 鱼和脊椎动物出现	20 志留纪 维管束植物出现 植物上岸
21 泥盆纪开始 昆虫出现 动物上岸	22 两栖动物和有翅昆虫出现	23 石炭纪 树和爬行动物出现	24 二叠纪开始 恐龙出现	25 古生代结束 中生代开始	26 三叠纪 哺乳动物出现	27 侏罗纪 鸟类出现
28 白垩纪 花出现 恐龙灭绝	29 中生代结束 新生代第三纪开始 鲸目动物和灵长目动物出现	30 灵长目动物额叶的早期进化 人科动物出现 大型哺乳动物兴盛	31 上新世结束 第四纪（更新世和全新世） 人类出现			

图 1-2 12 月的宇宙日历

12 月 31 日的宇宙日历	
原康修尔猿拉玛古猿（类人猿和人类可能的祖先）的起源	13 时 30 分
人类出现	22 时 30 分
石器的广泛使用	23 时整
北京人开始用火	23 时 46 分
最近一次冰川期开始	23 时 56 分
航海者定居澳洲	23 时 58 分
欧洲出现大量岩画	23 时 59 分
农业的产生	23 时 59 分 20 秒
新石器时代；出现最早的城市	23 时 59 分 35 秒
苏美尔、埃勃拉和埃及的第一个王朝；天文学的发展	23 时 59 分 50 秒
字母系统的发明；阿卡德帝国	23 时 59 分 51 秒
巴比伦《汉谟拉比法典》；埃及中王国时期	23 时 59 分 52 秒
炼铜术；迈锡尼文化；特洛伊战争；奥尔梅克文化；罗盘的发明	23 时 59 分 53 秒
炼铁术；第一亚述帝国；以色列王国；腓尼基人建立迦太基	23 时 59 分 54 秒
印度阿育王时代；中国秦朝；雅典伯里克利时代；佛教诞生	23 时 59 分 55 秒
欧几里得几何；阿基米德物理；托勒密天文学；罗马帝国；基督教诞生	23 时 59 分 56 秒
印度算法中出现了零和小数；罗马帝国灭亡；穆斯林 征战	23 时 59 分 57 秒
玛雅文明；中国宋朝；拜占庭帝国；蒙古侵略；十字军东征	23 时 59 分 58 秒
欧洲文艺复兴；欧洲和中国明朝的航海发现；科学实验方法的兴起	23 时 59 分 59 秒
科技的广泛发展；全球文化的兴起；人类掌握毁灭自身的方法；初步开始航天器的行星际探测和寻找地外智能	此时此刻：新年的第一秒

图 1-3 12 月 31 日的宇宙日历

　　构建这样的宇宙日历表注定使人谦恭。我们尴尬地发现，在这一宇宙年中，直到 9 月初地球才从星际物质中凝聚成形；恐龙出现于平安夜；开花植物崛起于 12 月 28 日；人类起源于新年前夜的 10 时 30 分。所有有文字记录的历史只占据了 12 月 31 日的最后 10 秒；中世纪的衰败距离今日只有一秒钟多一点。不过因为我如此安排，第一个宇宙年已经结束。尽管截至目前我们的存在只占据了宇宙时间中毫不起眼的片刻，非常清楚的是，从第二个宇宙年开始，地球上及地球附近发生的事情将在极大程度上取决于人类的科学智慧及其独特的感受性。

第二章
基因与脑

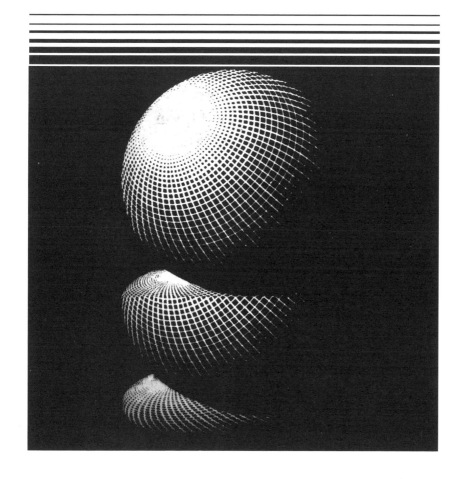

是怎样的槌？怎样的链子？
在怎样的熔炉中炼成你的脑筋？
是怎样的铁砧？怎样的铁臂？
敢于捉着这可怖的凶神？

威廉·布莱克
《老虎》)

在所有的动物当中，人类拥有按比例来讲最大的脑。

亚里士多德
《动物志》

生物的进化一直是越来越复杂。今日地球上最复杂的有机体比两亿年前最复杂的有机体容纳了更多的信息，无论是遗传信息还是非遗传信息，而两亿年只占了地球生命史的 5%，相当于宇宙日历上的 5 天。当今地球上最简单的有机体有着与最复杂的有机体同样长的进化历史，很可能当代细菌的内部生化功能要比三亿年前细菌的内部生化功能更加有效率。但是现在细菌的基因信息量也并不比它们的古代细菌祖先大很多。区分信息量和信息的质量是很重要的。

不同的生物形态被称为分类群。最大的分类界限区分开了植物与动物，或者细胞核发展不完善的有机体（比如细菌和蓝绿藻）与细胞核清晰可辨、结构精巧的有机体（比如原生生物和人）。然而，地球上所有的有机体，不管有没有边界分明的细胞核，都拥有染色体，其中含有世代传递的遗传物质。所有有机体的遗传分子都是核酸。除了少数几个无关紧要的例外，用于遗传的核酸都是一种叫作 DNA（脱氧核糖核酸）的分子。不同类型植物和动物之间更加细致的分类，从种到亚种、品种，也可以被称作分类群。

如果一个群体中的个体相互交配能够产下有繁殖能力的后代，而与群体外的个体交配却不能，那么这个群体称为种。不同品种的狗交配产下的小狗成年之后具备完善的繁殖能力。然而种间交配——哪怕是驴和马那样相似的物种之间——也只能产下无生育能力的后代（在这个例子中是骡子）。因此驴和马被列为不同的种。区别更大的种（比如狮和虎）之间有时候也能发生不产生后代的交配，而即便在极少的情况下，它们产下了能够生育的后代，这也只能说明种的定义有一点模糊。所有的人类属于同一个种"Homo sapien"，这个词在乐观的拉丁语中意为"智人"。我们可能的祖先，如今已经灭绝的直立人（Homo erectus）和能人（Homo habilis），与我们属于同一个属（人属）但不属于同一个种，尽管（至少最近）没人曾经尝试用适当的实验来验证我们与他们交配能否产下有生育能力的后代。

在早期，人们普遍相信差别极大的有机体之间也能产下后代。提修斯杀死的人身牛头怪米诺陶，据说来自一头公牛和一位女士的交合。罗马历史学家普林尼认为当时刚刚被发现的鸵鸟是长颈鹿和蚊蚋的后代。（要我说，那只能是雌长颈鹿和雄蚊蚋。）在现实中，很多这样的杂交都不曾被尝试过，原因当然不难理解：缺少动力。

图 2-1 在本章将被反复提及。图 2-1 中的实线表示不同主要分类群最早出现的时间。当然，实际存在的分类群数量要远超图中这寥寥几个点。不过曲线所代表的正是一个密集得多的点阵，如要表现出地球生命史中出现过的几千万分类群，这样一个点阵乃必不可少。最近进化出来的主要分类群基本上也是最复杂的。

要想对某种有机体的复杂程度获得一些了解，只需要考察其行为，也就是它一生中能够实现多少不同的功能。但是复杂度也可以通过有机体遗传物质包含的最小信息量来判断。一条典型的人类染色体拥有一个很长的 DNA 分子。这个分子是卷曲起来的，这样它占据的空间就会比展开时小很多。这个 DNA 分子是由更小的构筑模块组成的，它们有点像是软梯的梯级和绳边。这些模块叫作核酸，共有 4 种。生命的语言，我们的遗传信息，就是由这 4 种不同类型核酸的排列决定的。我们或许可以说遗传的语言是由一套只有 4 个字母的字母表写就的。

但是生命之书内容非常丰富：一个典型的人类染色体 DNA 分子由大约 50 亿对核酸构成。地球上所有其他类群的遗传指令也是由同样的语言写成的，使用的编码手册也完全一致。事实上，这种共用的基因语言证明了地球上所有有机体在大约40亿年前拥有同一个祖先。

　　任何一条消息的信息量通常都能用名为比特的单位来描述，这个词是"二进制数字"的缩写。最简单的算术体系用不着10个数字（我们使用10个是因为我们碰巧进化出了10根手指），而是仅仅两个——0和1。因此任何足够明确的问题都可以用一个二进制数字1或者0来回答，而它们代表了是或者否。如果遗传编码使用只有两个字母而非4个字母的语言写就，那么DNA分子中的比特数相当于核酸对数量的两倍。但是由于总共有4种不同类型的核酸，所以DNA所含信息的比特数便是核酸对数量的4倍。因此如果一条染色体拥有50亿（5×10^9）对核酸，它包含的信息量便有200亿（2×10^{10}）比特。（10^9这种写法表示1后面跟着9个0。）

　　200亿比特信息有多大？如果这些信息以现代人类语言写到普通的印刷书籍当中，会写出多长的篇幅？人类的字母语言一般包括20~40个字母，加上十几个到二十几个数字和标点符号，因此64个替代字符对于大多数这种语言来说已经足够。因为2^6=64（$2 \times 2 \times 2 \times 2 \times 2 \times 2$），所以应该只需要不超过6个比特就足以定义一个给定字符。我们可以把实现这种替代的过程理解为一种叫作"二十问"的游戏。在游戏中，每一个是/否问题的答案都对应一个比特值。比方说用于提问的字符是字母J。我们可以通过以下步骤来定义它：

第一问：它是一个字母（0）还是其他字符（1）？
答案：字母（0）。
第二问：它在字母表的前半部分（0）还是后半部分（1）？
答案：前半部分（0）。
第三问：在字母表前半部分的13个字母中，它属于前7个（0）

还是后 6 个（1）？

答案：后 6 个（1）。

第四问：在后 6 个（H、I、J、K、L、M）中，它在前半部分（0）还是后半部分（1）？

答案：前半部分（0）。

第五问：在 H、I、J 中，它是 H（0）还是 I 和 J 之一（1）？

答案：I 和 J 之一（1）。

第六问：它是 I（0）还是 J（1）？

答案：J（1）。

因此字母 J 的定义就相当于二进制消息 001011。只不过它并不需要 20 个问题，6 个便足够了，正是在这个意义上，只需要 6 个比特便足以定义一个给定的字母。所以 200 亿比特相当于大约 30 亿个字母（$2 \times 10^{10}/6 \cong 3 \times 10^9$）。如果说平均每个词包含大约 6 个字母，那么一条人类染色体的信息量相当于大约 5 亿个单词（$3 \times 10^9/6 = 5 \times 10^8$）。如果印刷书籍普通一页中大约有 300 个单词，这就相当于大约 200 万页（$5 \times 10^8/3 \times 10^2 \cong 2 \times 10^6$）。如果一本典型的书有 500 页，一条人类染色体的信息量相当于大约 4 万本书（$2 \times 10^6/5 \times 10^2 = 4 \times 10^3$）。所以说很显然，我们的 DNA 软梯上那一串串梯级代表着相当于一座大型图书馆的信息量。同样明显的是，要有如此丰富的一座图书馆，才可以定义像人类这样结构精巧、功能复杂的物体。简单有机体的复杂度和功能都要略逊一筹，所以需要的遗传信息量更少。1976 年，在火星着陆的"海盗号"着陆器每一部都预装了几百万比特的计算机指令。因此"海盗号"拥有的"遗传信息"略多于细菌，但明显少于藻类。

图 2-1 还列出了不同分类群 DNA 所含最少信息量。图中哺乳动

物的信息量少于人类,因为大多数哺乳动物拥有的遗传信息少于人类。在特定分类群中——比如两栖动物,物种之间的遗传信息量差别巨大,人们认为这些 DNA 当中大部分可能是多余或者无功能的。这就是为什么图上列出的是给定分类群 DNA 的最少信息量。

我们从图 2-1 可以看出,大约 30 亿年前,地球上有机体拥有的遗传信息量有过一次显著提高,而从那之后增长缓慢。我们还能看出,如果人类的生存需要超过几百亿(10^{10} 的数倍)比特信息,那么必须由非遗传系统来提供它们:遗传信息的发展过于缓慢,不能从 DNA

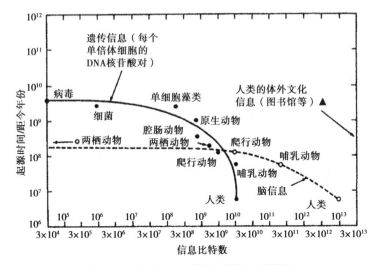

图 2-1　地球生命史上,基因和脑信息量的进化图

带着实心圆点的实线表示不同分类群基因所含遗传信息比特数,分类群在地质记录中大致的起源时间也得到了展现。因为特定分类群内细胞平均 DNA 数量有高有低,图中展示的仅仅是给定分类群的最低信息量,数据来源于布里顿和戴维逊的研究成果(Britten and Daridson, 1969)。带圈圈的虚线表示对同一有机体脑(和神经系统)信息量进化的大致估计。两栖动物和更低等的动物脑信息量落在了图的左侧之外。病毒遗传物质信息比特数也被展现了出来,但病毒是否起源于几十亿年前,目前还无定论。有可能病毒是细菌或者其他更加复杂的有机体通过丢失功能,在更晚的时候进化出来的。如果人类的体外文化信息(图书馆等)也被纳入统计,代表人类的点将远在图右侧边缘之外。

中寻求这些附加生物信息的来源。

　　进化的原材料是突变，也就是 DNA 分子当中构成可遗传指令的特定分子序列的可遗传变化。突变的原因是环境中的放射性，以及宇宙射线，或者是从统计学角度来说必然不时发生的核酸自发重新排列——这也确实是经常发生的。化学键会自己断裂。突变在某种程度上也受到有机体自身的控制。有机体有能力修复某些类型的 DNA 结构破坏。比如有一些分子能够巡查 DNA 寻找破坏。当 DNA 中发现了特别严重的变化时，一种分子剪刀就会将其剪下来，使 DNA 恢复正常。但是这种修补不是也不能是完美的：突变乃是进化之必需。我的食指皮肤细胞染色体中 DNA 分子的一个突变不会影响到遗传。手指并不参与物种的繁殖，至少没有直接参与。配子——卵子和精子——中的突变才是关键，它们是有性生殖的执行者。

　　偶尔的有用突变为生物进化提供了有用的材料，比如将某些蛾子体色由黑变白的黑色素突变。这种蛾子通常栖居在英国桦树上，身体的白色是一种保护性的伪装。在这种情况下，黑色素突变不是优势——深色蛾子很容易被鸟发现并吃掉，这种突变会被自然选择淘汰。但是工业革命开始后，桦树被蒙上一层煤灰，情况发生了逆转，只有带有黑色素突变的蛾子才能活下来。于是这种突变又被自然选择保留了，最后几乎所有的蛾子都成了黑色的，这种遗传改变被传给了未来的世代。偶尔还是会有相反的突变抵消黑色素的适应，当英国工业污染得到控制之后，这种突变就会对蛾子有利。注意在突变与自然选择的整个互动过程中，没有一只蛾子为了适应变化的环境做出了有意识的努力。这个过程是随机而符合统计学规律的。

　　像人类这样的大型有机体平均约 10 个配子中会有一个突变——也就是说，任何一枚精子或者卵子所携带的决定下一代性状的遗传指令中，都有10%的概率带有一个新的可遗传改变。这些突变随机发生，几乎都是有害的———部精密的机器因为制造指令中的随机变化而得到改善，这样的情形实在罕见。

　　大多数这种突变也都是隐性的——它们并不会立即表现出来。尽管如此，突变频率已然太高，正如几位生物学家所指出的，更多的遗传DNA数量会带来无法接受的高突变率：如果我们拥有更多的基因，出错会更加频繁。[1]如果这是真的，大型有机体DNA能够容纳的遗传信息量必须有一个实际的上限。因此大而复杂的有机体存在这一事实本身，便足以证明它们必须拥有足够的非遗传信息资源。除了人类，所有高级动物的这种信息几乎都存储于脑中。

———————————

　　大脑到底可以储存多少信息？让我们探讨一下有关脑功能的两个相反的极端观点。一种观点是，脑或者至少其皮层，是均质的：任何部分都能够替代任何其他部分，功能没有区域的划分。另一种观点是，脑是彻底固化的：特定的认知功能被定位于脑的特定区域。计算机设计暗示着真相应当位于这两个极端之间。一方面，任何对脑功能的非神秘观点必须将生理学与解剖学联系起来，特定的脑功能必须与特定的神经模式或者其他脑结构有关。另一方面，为了确保精确和防备偶发事件，我们认为自然选择应该已经使脑进化出了足够的功能冗余。从脑最有可能采取的进化路线上也能推断出这一点。

———————————

　　[1]在某种程度上，突变率本身也受到自然选择的影响，就像我们的"分子剪刀"例子所表明的。但是可能有一个不可能再缩减的最低突变率。首先这是为了向自然选择提供足够多可操作的基因试验，其次这是在宇宙射线等因素造成的突变与最有效率的细胞修复机制之间达到的一种平衡。

　　哈佛大学的心理神经学家卡尔·拉什利曾经清楚地展示过记忆存储的冗余。他以外科手术方式移除了大鼠大脑皮层相当大的一部分，而大鼠仍然能够回忆起之前习得的走迷宫行为，未见受到显著影响。从这样的试验可以明显看出，同样的记忆一定被放置在了脑的很多不同位置。现在我们已经知道，一些记忆通过名为胼胝体的联通结构横跨大脑左右两个半球。

　　拉什利还报告称，当相当一部分——比如说 10%——脑被移除之后，大鼠的一般行为未发生明显改变。不过没人问过大鼠自己的观点。要想恰当地探讨这个问题，需要细致研究大鼠的社交、觅食和躲避猎食者的行为。移除可能会造成的很多行为改变或许不会立刻被不经意的科学家所观察到，但说不定对大鼠而言具有重大意义——比如被一只有魅力的异性大鼠引发的兴趣之多寡，或者因一只潜行的猫所凸显的漠然程度之高低。[1]

　　有时候人们争辩道，人类大脑皮层中特定部分的切除或者损伤——比如由于双侧前额叶切除术或者事故——对于行为的影响很有限。但是有些类型的人类行为在外人看来——甚至在自己看来——都不是十分明显。人类的一些认知和行为或许只在很少情况下发生，比如创造力。原创行为——哪怕只有些许创新——当中各种想法的融会贯通似乎意味着大量脑资源的投入。这些创造性行为确实定义了我们整个文化以及人类这个物种。不过在很多人身上这种行为并不多见，而这种缺失也许并不会被脑损伤的研究对象或者问诊的医师所察觉。

　　尽管脑功能的大量冗余已是不容辩驳，但是强均质假说却基本上是错误的，大多数当代神经生理学家都排斥它。另一方面，弱均质

---

[1]顺便提一下，为了测试一下动画片对美国人的生活造成的影响，把这段话中的"大鼠"换成"小老鼠"，然后重新读一下，看看你对这只遭受手术侵扰以及误解的动物是不是突然增加了很多同情。

假说——比如主张记忆是大脑皮层整体的一项功能——却没那么容易被驳倒，不过正如我们要看到的，这个假说可以得到检验。

一项流行观点认为脑的一半甚至更多都没有被使用。从进化的角度来看，这将是十分离奇的：如果没有功能，为什么还要进化出来？但是实际上这一主张只有极少的证据支持。它其实也是由很多脑损伤——通常在大脑皮层——对行为没有明显影响这一发现推导而来。这种看法没有考虑到功能冗余的可能性以及某些人类行为很微妙这一事实。比如说，大脑右半球皮层的损伤可能导致思维和行为的障碍，但这种障碍却是无法言传的，也就是说从定义上来看，难以被患者或者医师所描述。

脑功能的区域化也有着重大的证据。人们已经发现，大脑皮层下方的特定脑区与食欲、平衡、体温监控、血液循环、精细运动和呼吸有关。加拿大神经外科医师怀尔德·彭菲尔德对高级脑功能进行过一项经典的研究。这种研究要对大脑皮层的不同区域进行电刺激，这通常是为了缓解精神运动型癫痫等疾病的症状。患者报告称回想起一段记忆、闻到过去闻过的某种气味、听到声音或者看到一抹色彩——这些都是由脑中特定部位的轻微电流引起的。

在一个典型病例中，当电流通过彭菲尔德的电极，流向患者经过开颅术暴露在外的皮层时，患者可能会听到一段交响乐，而且细节清晰，绝不含糊。如果彭菲尔德对患者声称他正在刺激皮层而实际上并没有——在这种操作过程中患者一般是意识完全清醒的，患者无一例外地报告并没有出现记忆。但是当电流在没有通知的情况下由电极导入皮层时，记忆就会出现或者继续。患者可能会报告称体会到某种心情，或者一种熟悉的感觉，或者多年之前的某次经历完整无缺地重回脑际，与此同时，他还能意识到自己正在手术室中与医师交谈，记忆与现实并无冲突。尽管有些患者称这些记忆闪回为"短暂的梦境"，但它们并不带有梦境典型的象征主义色彩。之前基本上只有癫痫患者报告过这种体验，而尽管并未被证明过，有可能非癫痫患者在类似情况下也会体验到类似的知觉记忆。

在一次对与视觉有关的枕叶进行电刺激的案例中，患者报告称看到一只翩翩飞舞的蝴蝶，其栩栩如生之状令他从手术台上伸出了手去抓。采用同样的方法对一只猩猩进行实验，猩猩眼神专注，仿佛在盯着面前的一个物体，忽然用右手做出了一个抓取的动作，然后带着明显的困惑看着自己空无一物的手掌。

至少有些人的大脑皮层在经受无痛电刺激时，能够引发对一些特定事件绵绵不绝的记忆。但是去除与电极相接触的脑组织并不会消除记忆。这样的实验结果很难不让人得出这样的结论：至少人类的记忆存储在大脑皮层中的某处，等待脑通过电脉冲来获取它们——当然，电脉冲在正常情况下是由脑本身产生的。

————————

如果记忆是大脑皮层的整体功能——各个组成部分的某种动态混响或者电驻波模式，而不是静态存储于各自分散的脑区——这便能够解释严重脑损伤之后记忆的续存。然而证据却指向了相反的方向：美国神经生理学家拉尔夫·吉拉德在密歇根大学所做的实验中，学会走简单迷宫的仓鼠在冰箱里被冻到接近零度，从而进入一种人工诱发的冬眠状态。它们的体温低到所有可探测脑电活动都停止的程度。如果对记忆的动态观点是正确的，实验应该会抹去所有成功走迷宫的记忆。然而复苏之后的仓鼠还是能回忆起来。记忆看来是存储在了脑的特定区域，严重脑损伤之后记忆的幸存肯定是静态记忆在不同位置冗余存储的结果。

彭菲尔德在前人发现的基础上，进一步在运动皮层中揭示出值得注意的功能区域化。我们脑的最外层的某些部位负责与身体的特定部分相互传送信号。图 2-2 是彭菲尔德绘制的两张大脑皮层功能分布图。它以一种引人入胜的方式反映了我们身体不同部分的相对重要性。很大一部分脑区负责手指——尤其是拇指——和口以及说话器官，这精确地反映出，人类的生理结构中，哪些部分通过人类行为将我们与大多数其他动物区分开来。如果没有言语，知识和文化便不会发展；如果没有手，我们的技术与功业将永远不会出现。从某种意义上说，运动皮层的示意图正是人性的准确写照。

不过功能区域化的证据如今已经远远不止于此了。在一系列设计精巧的实验中，哈佛医学院的大卫·休伯尔发现了特殊脑细胞网络的存在，它们能对双眼观察到的不同方向的线条有选择地作出反应。有些细胞对横线有反应，有的对竖线有反应，有的对斜线有反应，每一颗细胞都只在合适方向的线条被观察到时才会兴奋起来。因此，至少抽象思维的某些发端已经被追溯到了脑细胞。

———————————

专门处理认知、感觉或者运动功能的特定脑区的存在暗示出脑质量和智力之间未必存在着完美的关联：脑的某些部分显然要比其他部分重要。据记载，脑质量最大的人包括奥利弗·克伦威尔、伊万·屠格涅夫和拜伦勋爵，这些人都很聪明。然而阿尔伯特·爱因斯坦是个例外，他的脑并不特别大。比很多人都聪明的阿纳托尔·法郎士脑质量只有拜伦的一半。人类的婴儿刚出生时脑质量与身体质量的比值格外大（约12%），而在生命的最初3年当中，脑——尤其是大脑皮层——还会继续迅速生长，这也是学习最快的时期。到6岁时，脑质量已经达到了成人的90%。当代男性的平均脑质量是1 375克，相当于差不多3磅[1]。由于脑的密度和所有身体组织差不多，大体和水相当（每毫升1克），这样的一颗脑的颅容量是1 375毫升，略小于1.5升。（1毫升大约相当于成年人类肚脐的容积。）

不过当代女性的颅容量平均要比男性小大约150毫升。考虑到文化与抚养子女造成的偏差之后，没有清晰的证据表明两性的智力总体上存在差异。因此在人类当中，150克的脑质量差异肯定是无关紧要的。不同种族成人之间也存在着显著的脑质量差异（东方人的脑平均而言略大于白人），由于在类似控制条件下没有证据表明不同种族智力有高下之分，因此可以得出与前面相同的结论。拜伦勋爵（2 200克）与阿纳托尔·法郎士（1 100克）脑尺寸之间的鸿沟表明，在这个尺度内，几百克的差距对功能并无影响。

另一方面，天生颅容量偏小的小头畸形患者成年后认知能力却有着重大缺失：他们的脑质量通常为450~900克。普通的新生儿脑质量一般为350克，一岁儿则为约500克。很显然，当我们探究的脑质量越来越小时，会出现一个相对于普通成年人类而言，脑功能遭到严重削弱的脑质量临界值。

此外，人类脑质量或者颅容量与智商之间存在着统计关联。通过拜伦和法郎士二人的对比能看得出来，颅容量与智商之间的关系并不对等。我们无法通过测量一个人的颅容量来得知其智商。然而正如芝加哥大学的美国进化生物学家利·范·瓦伦通过数据所证明的，平

---

[1] 1磅=453.592 37克。——译者注

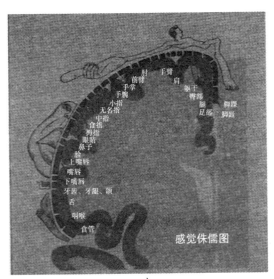

感觉侏儒图

a）

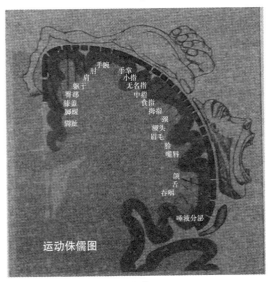

运动侏儒图

b）

图 2-2 两张大脑皮层功能分布层

彭菲尔德所谓的感官和运动雏形人。这是两张大脑皮层功能分区图。比例失调的人体表示皮层对身体不同部分分别给予多少关注，人体的部位被画得越大，就表示它越重要。a 图是感觉侏儒图，这些区域从图中列出的身体部位接收神经信号。b 图是向身体各部位传送神经冲动的对应区域图也叫运动侏儒图。

均来说，颅容量与智力之间存在着相当强的相关性。这是不是意味着颅容量在一定程度上决定了智力？抑或并非如此，是营养不良——尤其在胎儿和婴儿期——之类的其他因素既造成了颅容量偏小又造成了智力低下，而不是一个导致了另一个？范·瓦伦指出，颅容量和智力之间的相关性要远强于智力与身高或者成年体重之间的相关性，而后者已知会受到营养不良的影响，而且营养不良毫无疑问会导致智力低下。因此在这些影响之外，似乎较大的颅容量在一定程度上更容易产生较高的智力。

在探索新的知识领域的过程中，自然科学家发现了数量级估算的用处。一些粗略的计算足以扫清问题并为未来的研究指明方向而不必强求高度准确的结果。在颅容量与智力的关系这一问题上，很显然目前的科研能力远不足以对每一毫升脑的功能进行调查。但会不会有一种粗略而近似的方法能够将脑质量与智力联系起来呢？

正是在这一背景下，两性之间脑质量的差异引起了人们的兴趣，因为女性的身材和身体质量总体上小于男性。需要控制的身体较小，是不是脑质量小一点也够用呢？这表明作为智力的一种衡量标准，脑质量与有机体总体质量的比例要优于脑质量的绝对值。

图 2-3 列出了不同动物的脑质量和体重。鱼和爬行动物与鸟类和哺乳动物之间界限明显。对于给定的体重，哺乳动物普遍拥有较高的脑质量。哺乳动物的脑质量要比同时代体型相当的爬行动物大10~100 倍。这是一种毫无例外而且大得令人瞠目的差异。身为哺乳动物，我们或许会对哺乳动物与爬行动物的智力高下有所偏见，但是我认为有相当有力的证据表明哺乳动物确实普遍比爬行动物聪明得多（图中还有一个有意思的例外：白垩纪晚期一种形似小鸵鸟的兽脚类恐龙。它的脑体比例将其定位在了属于大型鸟类和较不聪慧的哺乳动

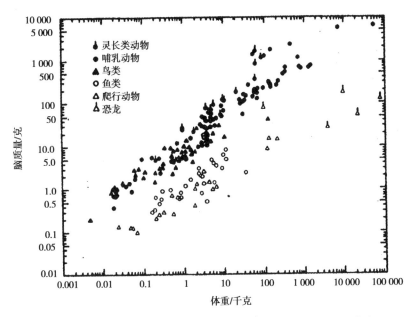

图 2-3　灵长类动物、哺乳动物、鸟类、鱼类、爬行动物和恐龙脑体质量比的离散图
本图摘自杰里森的著作（Jerison，1973），此外增加了代表恐龙和已经灭绝的几种人科动物的点。

物的区域。更深入地了解这些生物会是很有趣的，加拿大国家博物馆古生物分部主任戴尔·拉塞尔曾经研究过它们）。我们从图 2-3 中还能够看出，人类所在的灵长目这一分类群已经从其他哺乳动物中略不彻底地脱颖而出。与身体质量相等的非灵长目动物相比，灵长目动物的脑质量平均大 2~20 倍。

　　当我们更加仔细地钻研这张图，将一些特别的动物分离出来，就能得到图 2-4 的结果。在列出的所有有机体当中，相对于自身体重

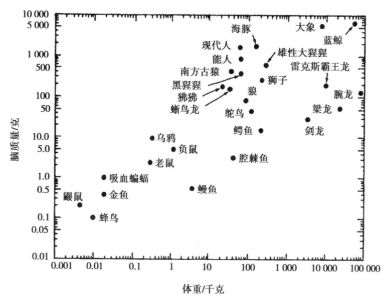

图 2-4　对图 2-3 中部分点的局部放大
蜥鸟龙就是前文中提及的像鸵鸟的恐龙。

而言脑质量最大的是一种叫作能人的生物，排名第二的是海豚。[1]
在这里我还是认为，如果以其行为来做证据，推断人类和海豚至少位
列地球上最聪明的有机体之二算不上是沙文主义。

　　就连亚里士多德都意识到了脑体质量比的重要性。这一指标在
当代的主要倡导者是加利福尼亚大学洛杉矶分校的神经精神病学家哈
里·杰里森。他指出在这一关联关系中存在着一些例外，比如小鼩鼱4.7
克的身躯却拥有 100 毫克的大脑，这个比例与人类相当。但是我们不
能把脑体质量比与智力的关联应用到最小的动物身上，因为脑最简单

[1] 如果以脑质量和身体质量的比例为标准，鲨鱼是最聪明的鱼。这符合它们所占据的
生态龛位——猎食者必须要比滤食者聪明。说来不可思议的是在脑体质量比提高以及脑的
3 个主要部分中形成协调一致的中枢这两个方面，鲨鱼的进化之路竟与陆地上高级脊椎动
物的进化相似。

的基本维持功能肯定需要一个最低的脑质量。

　　海豚的近亲抹香鲸的成年后大脑的质量几乎有 9 000 克，相当于人类平均值的 6.5 倍。其总的脑质量可谓不同寻常，但是脑体重量比却小得可怜。然而最大的恐龙脑的重量大约相当于抹香鲸的 1%。鲸用这么大的脑子做什么？抹香鲸也有思想、领悟、艺术、科学和传说吗？

　　脑体质量比这一判断标准没有包含对行为的考虑，似乎为衡量迥异的动物之间的相对智力提供了一个非常有用的指标。用物理学家的话说，这大概称得上第一可接受近似值（后文还会再次提及的一个事实是，可能是人类始祖或者至少是旁系近亲的南方古猿也拥有相对于体重而言巨大的脑质量，这已经通过对颅骨化石的铸型得到了确认）。与成体比较而言，头部相对较大的婴儿和其他幼年哺乳动物普遍有着难以解释的吸引力，我怀疑这是不是因为我们潜意识里便懂得脑体质量比的重要性。

　　在对这个问题的探讨当中，目前的数据表明两亿多年前爬行动物向哺乳动物的进化伴随着相对颅容量和智力的大幅提升。而几百万年前与人类的出现相伴的，则是脑的一次更加显著的发展。

————————————

　　人脑（不包括似乎与认知功能并不相干的小脑）包含大约 100 亿个神经元（位于头颅后方大脑皮层下面的小脑含有另外大约 100 亿个神经元）。由神经元或者说神经细胞产生并经由它们流动的电流使意大利解剖学家路易吉·伽伐尼发现了生物电。伽伐尼发现当电脉冲刺激青蛙腿时，青蛙腿必然会随之抽动。于是，动物的运动是由电引起的说法流行起来。这充其量也只反映了部分事实：通过电化学媒介，顺着神经纤维传输的电脉冲确实能引发四肢的蜷伸等运动，但是这种电脉冲是由脑生成的。不管怎样，现代电学以及电气电子工业的根源都可以追溯到 18 世纪用电刺激引发青蛙腿抽动的实验。

伽伐尼去世之后仅仅几十年，一群英国文人被恶劣的天气困在了阿尔卑斯山，便展开了一场竞赛，看谁能写出最恐怖的故事。选手之一玛丽·沃斯通克拉夫特·雪莱写出了如今已是传世名篇的《弗兰肯斯坦》。文中讲述弗兰肯斯坦博士利用强大的电流复活了一只怪物。从那之后，电子设备便成了哥特小说和恐怖电影的情节支柱。它们的基本思想来自伽伐尼，且是荒谬不经的，但是这种观念已经潜移默化地进入了许多西方语言，比如我可以说，某些因素"激发"我撰写此书。

很多神经生物学家相信神经元是脑功能的基本活跃单元，尽管有证据表明某些特定的记忆和其他认知功能可能是由脑中特定分子控制的，比如 RNA 或者小蛋白。脑中的每一个神经元对应着大约 10 个神经胶质细胞（这种细胞的英文名称来自希腊语的"胶水"），它们为神经结构提供了支撑。人脑中一个普通的神经元带有 1 000~10 000 个突触或者说与相邻神经元的连接（很多脊髓神经元似乎带有 10 000 个突触，而小脑中的所谓蒲金耶氏细胞可能拥有更多。皮层神经元的连接数量小于 10 000）。如果每一个突触对一个基本问题回以简单的是或否，就像电子计算机中的转换单元那样，那么脑可以容纳的是 / 否答案或者说信息比特数最大值将是约 $10^{10} \times 10^3 = 10^{13}$，也就是 10 万亿比特的信息（如果我们采用的是每个神经元 10^4 个突触的数据，那这个结果将是 100 万亿）。这些突触当中肯定有一些存储的信息与其他突触相同；有一些肯定与运动和其他非认知功能有关；还有一些可能只是空白的，作为一个缓冲等待新的信息翩然而至。

　　如果每一个人脑只拥有一个突触——与此相应的会是史诗级的愚蠢——我们将只能具备两种精神状态；如果我们拥有两个突触，那么我们能具备的精神状态是 4（2^2）种；如果我们拥有 3 个突触，则我们能具备的精神状态是 8（2^3）种。总而言之，如果拥有 N 个突触，我们具备的精神状态就是 2^N 种。然而，人脑拥有大约 10^{13} 个突触，因此，我们能具备的精神状态便是 $2^{10^{13}}$——也就是，与自己相乘 10^{13} 次。这是个大得无法想象的数字，远超整个宇宙中基本粒子（电子和质子）总数，后者比 2 的 10^3 次幂还要小很多。正因为人脑拥有如此大量且功能上各不相同的配置，没有两个人，哪怕是一起长大的同卵双胞胎，也绝不可能真的十分相像。这个庞大的数字或许也能解释人类行为不可预知的特点以及那些我们竟然被自己的行为所震惊的时刻。事实上，面对这些数字，真正不可思议的是人类行为居然会有规则。答案肯定是并非所有的脑状态都曾经被占据过：肯定有相当多的精神配置在人类历史上还未曾被任何人进入甚至接近。从这个观点来看，每一个人都是真正罕有而独特的，而个人生活的神圣则似乎成了一种伦理学推论。

　　近些年人们已经了解到脑内神经回路的存在。构成这些神经回路的神经元能够作出比电子计算机转换单元的"是"或"否"宽泛得多的回应。这些神经回路极其细微，典型的尺寸大约是 1 厘米的万分之一，因此能够以很快的速度处理数据。激发普通神经元所需电压的百分之一便可以引起它们的回应，因此它们能够作出更加精细而微妙的反应。这种神经回路丰足程度的增长似乎刚好符合我们对动物复杂程度的通常看法，而到了人类的脑中无论绝对数量还是相对数量都达到了峰值。它们在人类胚胎中也发育得较晚。这种神经回路的存在表明智力可能不仅是较高的脑体质量比的结果，脑中丰富的特化转换单元亦是智力的成因。神经回路使可能的脑状态数量比我们在上一段中算出来的结果还要大，因此进一步增强了每颗人脑令人震惊的独特性。

————————

　　我们还可以用一种截然不同的方法探讨人脑信息容量的问题——内省。试着想象一种视觉记忆，比如来自你的童年的。用你的意识之眼去贴近观察。想象它就像报纸上的有线传真照片一样，由细小的点构成，每一个点都有其特定颜色和亮度。你现在一定会问，多少比特信息才足以定义每个点的颜色和亮度；多少个点才能构成这幅回忆起来的图像；在意识之眼中回忆起这幅图像的所有细节需要多长时间。在这次怀旧的过程中，你在任意时刻只能关注图像中很小的一部分，你的视野相当有限。把所有这些数字都代入之后，你就能得出脑处理信息的速率，单位是比特/秒。我做这个计算的时候，得出的峰值处理速率是约 5 000 比特/秒。[1]

　　大多数情况下，这样的视觉回忆专注于形体的边缘和由明到暗的剧烈变化，而不是大体上亮度适中的区域的形状。比如青蛙的视觉就对亮度梯度有着强烈的偏好。然而相当多的证据表明，除了形状的

————————

[1] 在平地上，从一侧地平线到另一侧地平线之间的角度是 180°。月亮的视直径是 0.5°。我知道我能够看清上面的细节，从它的一端到另一端大概有 12 个图像元素。因此我的眼睛可以分辨 0.04°。任何比这还小的事物我都看不清。我的意识之眼的瞬时视域和我真正的眼睛一样，差不多是 2° 见方。因此在任意时刻我能看到的小小方形图像包含大约 2 500[即 (2/0.04)²] 个图像元素，也就相当于传真照片中的点。为了表征这种点的灰度和颜色，每个图像元素大约需要 20 比特。因此描述我的小图像需要 50 000（即 2500×20）比特。但是扫视图像的动作需要大约 10 秒，因此我的感觉数据处理速率大概不会超过 5 000（即 50 000/10）比特/秒。作为比较，0.04° 分辨率的"海盗号"登陆器照相机，每个图像元素的亮度只有 6 比特，以无线电方式直接向地球传送这些数据的速率是 500 比特/秒。脑的神经元耗能大约是 25 瓦，这个功率几乎刚刚够点亮一盏小白炽灯。"海盗号"登陆器传送无线电信息及执行所有其他功能的总功率大约是 50 瓦。

边缘，对内部结构的详细记忆同样是相当普遍的。或许最令人震惊的案例是人对三维图像进行立体重建的实验，其中一只眼睛使用回忆起来的图形，另一只则使用正在观看的图形。在这个立体图像中融汇的图片需要 10 000 个图像元素的记忆。

但是我不会在清醒的时间里总在回忆视觉图片，也不会一刻不停地认真仔细观察人和物体。这些事情大概只占据了我全部时间的一小部分。我的其他信息渠道——听觉、触觉、嗅觉和味觉——的传输速率都要低很多。我推断我的脑处理数据的平均速率是大约 100 比特／秒。这意味着经过 60 年，假如我的记忆力完美无缺，视觉和其他记忆的总量将达到 2×10^{11} 比特，也就是两千亿比特。这要小于突触或者神经连接的数目，但是考虑到脑除了记忆还有其他事情可做，这个数目倒也没有小到不合理的地步，同时它也表明神经元确实是脑功能的主要转换单元。

————————

加利福尼亚大学伯克利分校的心理学家马克·罗森茨威格及其同事针对脑在学习过程中发生的变化开展过一系列精彩的实验。他们培养了两组实验室大鼠——一组处于单调贫乏、千篇一律的环境中，另一组处于丰富多彩、充满活力的环境中。后一组大脑皮层的质量和厚度表现出了惊人的增长，与此同时，脑化学构成也发生了变化。这种增长在成年和幼年大鼠中都出现了。这些实验证明了智力体验伴随着生理学上的变化，同时展现了可塑性会如何受到解剖结构的控制。由于质量更大的大脑皮层可能会使未来的学习更加容易，童年时代丰富环境的重要性因此显而易见。

　　这意味着学习新知的过程中，新一代的突触被生成或者垂死的旧突触被激活，伊利诺伊大学的美国神经解剖学家威廉·格里诺和他的同事掌握了支持这一观点的一些初步证据。他们发现大鼠在实验室环境中学习了几星期新任务之后，皮层中长出了新的神经分叉，而这些分叉会形成突触。喂养条件差不多但未接受同样教育的其他大鼠在神经解剖学方面则了无新意。构建新的突触需要蛋白质及 RNA 分子的合成。大量证据表明这些分子在学习过程中形成于脑内，一些科学家提出学习受制于脑的蛋白质或者 RNA。但似乎更有可能的是，新掌握的信息保存在神经元中，而神经元则是由蛋白质和 RNA 构成的。

　　脑内信息存储的密度有多大？当代一台计算机运行中的典型信息密度大约是每立方厘米 100 万比特。这是用计算机的信息总容量除以其体积得到的结果。前文中我们已经讲过，人脑在略超过 10^3 立方厘米的体积内包含了约 10^{13} 比特信息。这样得出的信息密度是 $10^{13}/10^3=10^{10}$，即每立方厘米约 100 亿比特，因此脑的信息储存密度要比计算机大 1 万倍，尽管计算机的体积要大得多。换句话说，现代计算机必须要有人脑的 1 万倍那么大，才能够处理人脑中的信息。另一方面，现代电子计算机能够以每秒 10^{16} 至 10^{17} 比特的速度处理信息，相较而言，脑的峰值速度是这一速度的 100 亿分之一。以如此低的速度处理如此小的总信息容量，人脑的架构和布线定然极为高明，才能将那么多重要的任务处理得比最高级的计算机还要出色。

　　动物脑中神经元的数量并不会随着颅容量本身的倍增而倍增。它的增长要缓慢得多。我们之前说过，人脑的容量是大约 1 375 立方厘米，除小脑外包含大约 100 亿个神经元以及几万亿比特信息。最近在马里兰州贝塞斯达市附近国家精神卫生研究院的一间实验室里，我将一枚兔脑握在手中。它的容量大概有 30 立方厘米，相当于萝卜的平均大小，其中有着几亿神经元和几千亿比特的信息——它们控制着兔子的种种行为，诸如大嚼莴苣、抽动鼻子，以及成年兔子们的风流韵事。

由于哺乳动物、爬行动物或者两栖动物等分类群都拥有颅容量差别巨大的不同成员，我们无法对每一种分类群给出一个可靠的典型成员脑内神经元数量估计值。但是我们能估算出平均值，就像我在图2-1中做到的那样。图中的粗略估计显示人脑中的信息比特数大约比兔脑多100倍。我不知道这是否说明人比兔子聪明100倍，但也不敢说这是个荒谬的论点（当然，这并不意味着100只兔子就和人一样聪明）。

我们现在能够比较一下基因材料所含信息量与有机体的脑所含信息量在进化时间尺度上的缓慢增长。两条曲线（见图2-1）相交相当于几亿年前的一个时点，信息量相当于几十亿比特。石炭纪某个雾气氤氲的树丛里，出现了历史上第一种脑信息量大于基因信息量的有机体。那是一种早期的爬行动物，如果放在如今这纷繁复杂的时代，我们大概不会称其为聪慧。但是它的脑是生命史上一次标志性的转折点。在智能的进化历史中，与哺乳动物的出现以及类人灵长目动物的问世相伴的两次脑进化突破仍旧是更加重要的进步。石炭纪之后的大部分生命史都可以被看成脑对基因逐步的（显然尚未彻底的）支配。

第三章
脑与战车

我们三人何日重逢？

威廉·莎士比亚

《麦克白》

　　鱼的脑子很小。鱼有一条脊索或者脊髓，一些更加低等的无脊椎动物也有这种结构。原始鱼类脊索的前段也有一个小小的突起，那便是它的脑。在高等一些的鱼体内，这个突起更加发达，但重量仍旧不会超过一两克。那个突起相当于高等动物的后脑或者脑干和中脑。现代鱼类的脑主要是中脑和一个小小的前脑，现代两栖动物和爬行动物则正好相反（见图 3–1）。目前已知最早的脊椎动物颅腔化石表明现代脑的主要划分（比如后脑、中脑和前脑）在那时就已经确定。5亿年前的原始海洋中游荡着叫作甲胄鱼和盾皮鱼的生物，它们的脑就已经能辨识出和我们一样的主要部分。但是这些部分的相对大小、重要性，甚至早期功能，肯定都与今日大相径庭。脑随后的进化过程中最令人着迷的观点是，脊髓、后脑和中脑上面进一步积增和特化出了3 个层次。每一步进化之后，脑中旧的部分仍旧存在，而且肯定还会得到容纳，但是又加上了带有新功能的新层次。

　　当代这一观点最主要的拥护者是美国国家精神卫生研究院脑进化和行为实验室主任保罗·麦克莱恩。麦克莱恩的研究工作的特点之一是涵盖了很多种不同的动物，从蜥蜴到松鼠猴。他和同事仔细研究了这些动物的社会及其他行为，来进一步领悟脑的什么部分控制什么行为。

　　脸上带着"哥特式"印记的松鼠猴在相互打招呼的时候有一种固定套路或者说表演。雄性龇牙咧嘴地敲打笼子的杆条，发出一种可能对松鼠猴来说很可怕的高频尖叫，抬起腿来露出勃起的阴茎。这样的行为在当代很多人类社交聚会中会被认为是没礼貌的，但在松鼠猴的社群中却相当常见，而且能起到维护社群稳定性的作用。

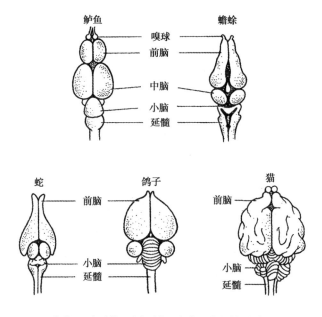

图 3-1　鱼类、两栖动物、爬行动物、鸟类和哺乳动物脑的对比示意图
小脑和延髓都是后脑的组成部分。

　　麦克莱恩发现切除松鼠猴脑的一个小部分能够阻止这种表演，同时保持其他功能完好无损，比如性行为和争斗。这部分位于前脑中最古老的部位，从我们的哺乳动物乃至爬行动物先祖，一直到今天的人类以及其他灵长目，这个部位一直存在。在非灵长目哺乳动物和爬行动物中，类似的固定行为似乎受到脑中同样部位的控制。切除爬行动物的这个部分还会损伤除固定行为之外的其他自主行为——比如行走或者奔跑。

　　人们在灵长目中常常能观察到性展示和在支配等级中的地位之间的关联。在日本猕猴中，社会等级是通过日常骑乘得到维持和加强的：低等级的雄性采取发情期雌性特有的顺从交配姿态，被高等级的雄性仪式性地短暂骑乘。这种骑乘行为普遍而又敷衍了事。看起来它们基本不含有性的意味，而只是作为一种易于理解的象征，表明一个复杂社会中每个成员的身份。

在对松鼠猴行为的一项研究中，卡斯帕作为群体的统治者和最活跃的展示者，从未被观察到交配，尽管群体中三分之二的生殖器展示行为都是由它做出的——这些行为大多是直接对着其他成年雄性。卡斯帕高度热衷于确立统治地位却对性事兴趣寥寥这一事实表明，尽管都用到了相同的器官，但这两种功能其实是不同的。研究这一群体的科学家得出结论："生殖器展示行为因而被认为是对团体组织结构而言最有效的社会信号。它已经程式化了，具备了'我是主人'的意味。这种行为很有可能源自性行为，但被用于社会沟通，与繁殖行为分离开来。换言之，生殖器展示是一种源自性行为的仪式，但是服务于社交而非繁殖目的。"

在 1976 年的一次电视采访中，访谈节目主持人询问一名职业橄榄球运动员，队员们在更衣室里面裸裎相对时会不会感觉到尴尬。他立刻回答道："我们都昂首挺胸！一点都不会尴尬。就好像我们在互相说，'咱们瞧瞧你的家伙，哥们儿！'——除了少部分人，比如专职队工或者送水员。"

很多项研究都揭示了性、进攻性和支配性之间的行为学与神经解剖学关联。在早期阶段，大型猫科动物和很多其他动物的交配仪式都和打斗很难区分。家猫的一种常见行为便是大声怪叫，同时用爪子慢慢地挠室内装饰或者薄衣裹身的人类皮肤。利用性来确立并保持支配地位有时在人类异性恋和同性恋活动中非常明显（当然这并非这些活动中的唯一元素），在很多"下流"话语中亦是如此。在英语以及其他很多语言中，由两个词构成的最常见的言语攻击意指一种追求压倒性生理愉悦的行为。英语中的讲法可能来自德语和中古荷兰语动词 fokken，意思是"打击"。这种用法可以被理解为猕猴象征语言的口头等价物，作为主语的"我"被双方心照不宣地省略掉了，若非如此理解便只会造成困惑。它和很多类似表达都仿佛是人类的仪式性骑乘。正如我们将要看到的，这种行为的来源或许比猴子还要古老得多，一直可以追溯到几亿年前的地质时代。

　　凭借利用松鼠猴所做的那些实验，麦克莱恩对脑的结构及进化提出了一个有趣的模型，他称之为三重脑。他说："我们不得不通过三个截然不同的心智的眼光去看待自身和这个世界。"而其中两个心智没有语言能力。麦克莱恩认为，人脑"相当于三台相互连通的生物计算机"，每一台都有"其自己的独特智能；自己的主观性；自己的时空感；自己的记忆、运动和其他功能"。每一个脑各自对应着一个重大的进化步骤。这三个脑据说在神经解剖学和功能方面都有所不同，影响神经系统的化学物质多巴胺和胆碱酯酶的含量也有着显著区别。

　　在人脑中最古老的部分有脊髓、构成后脑的延髓和脑桥，以及中脑。麦克莱恩将脊髓、后脑和中脑的组合称为神经基架。它含有与繁殖和维持自身生命有关的基本神经机制，包括对心脏、血液循环和呼吸的管理。在鱼类和两栖动物当中，这几乎便是脑的全部。但是据麦克莱恩说，被去掉了前脑的爬行动物或者更高级的动物"会像一辆没有了司机、静止不动的汽车，无法运动，也没有目标"。

　　事实上，我认为癫痫大发作可以被描述为由于脑中的某种电子风暴，认知的司机全部被关闭，发作者除了神经基架外顷刻间失去了其他功能。这是一种重大的损伤，暂时将令受害者倒退几亿年。古希腊人便已经认识到这种疾病的严重性质，称其为来自天神的刑法。他们为之取的名字至今依然为我们所沿用。

麦克莱恩识别出神经基架中的三种驾驶者，其中最古老的一个围绕着中脑，大体上由神经解剖学家所称的嗅觉回沟、纹状体和苍白球构成。它可能出现于几亿年前。麦克莱恩称之为爬虫脑。在爬虫脑周围是边缘系统，这一名称的由来是因为它包覆着下层脑结构（英文中的"肢体"一词也源自这个词，因为四肢是在身体的外围）。其他哺乳动物也有边缘系统，但是爬行动物的边缘系统却不如我们的精致。它可能出现于 1.5 亿年前。最后，在脑的最外层是最新的进化产物——新皮层。和高级哺乳动物以及其他灵长目动物一样，人类的新皮层相对比较大。哺乳动物越是高等，新皮层发展得越是先进。发展得最为精致的新皮层属于我们（以及海豚和鲸）。它可能出现于几千万年前，但在几百万年前人类出现的时候，其发展急剧加速。图 3–2 为人脑这种结构的示意图，图 3–3 为当代 3 种哺乳动物边缘系统以及新皮层的比较。三重脑的概念与上一章脑体质量比的研究得出的独立结论高度一致，也就是说哺乳动物以及灵长目（尤其是人类）的兴起伴随着脑进化的重大突破。

进化很难通过改造生命的深层构造来实现，那里的任何改变都有可能致命。但是在旧系统之上追加新系统就可以实现基础性的变化。这令人联想起 19 世纪德国解剖学家恩斯特·海克尔提出的重演说。这一学说在学术圈里遭遇了好几轮的接纳与排斥。海克尔认为在胚胎发育阶段，动物会重复或者说回顾其祖先的进化步骤。实际上人类胎儿在能够被辨认出人型之前，确实会经历看上去非常像鱼、爬行动物以及非灵长目哺乳动物的发育阶段。在像鱼的阶段我们甚至拥有鳃裂，

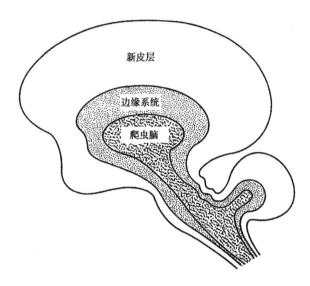

图 3-2 根据麦克莱恩的理论绘制的人脑爬虫脑、边缘系统和新皮层的高度
抽象示意图

对通过脐带得到给养的胚胎来说，这个结构是完全无用的，但它是人
类胚胎学上的必需，因为鳃对我们的祖先来说至关重要，我们要经历
有鳃的阶段才能成为人类。人类胎儿的脑同样是从内而外发育的，大
体而言经历的步骤如下：神经底盘、爬虫脑、边缘系统和新皮层（见
图 8-3 ）。

重演的原因或许可以这样理解：自然选择仅仅作用于个体而非
物种，对卵或者胎儿的作用也很小。因此最新的进化改变出现在产后。
有一些胚胎特征在出生后会变得完全不适应，比如哺乳动物的鳃裂，
但只要它们在胚胎阶段不会造成严重问题，而且能在出生之前消失，
它们就会得到保留。我们的鳃裂并不是古代鱼类的残留，而是古代鱼

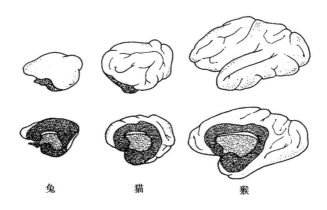

兔　　　　猫　　　　猴

图 3-3　兔、猫和猴脑俯视及侧视示意图
黑点覆盖的部位是边缘系统，在侧视图中最容易看到。有沟壑的白色区
域是新皮层，在俯视图中最容易看到。

类胚胎的遗迹。很多新的器官系统的发展不是靠追加和保存，而是通
过对旧系统的改造，比如鳍变成腿，腿变成蹼或翼；足变成手又变成
足；脂肪腺变成乳腺；鳃弓变成耳骨；鲨鳞变成鲨齿。因此追加式的
进化和现存结构的功能保存肯定是有原因的——要么因为旧功能与
新功能一样必不可少，要么因为无法绕开一直伴随着物种生存的旧
系统。

　　自然界还有很多这种进化发展的例子。作为一个几乎是随意举
出的例子，思考一下植物为什么是绿色的。绿色植物的光合作用利用
太阳光谱中红色和紫色的部分分解水分子，合成糖类以及实现其他功
能。但是太阳在黄色和绿色谱段发的光要比红色和紫色谱段多。把叶
绿素当作唯一光合作用色素的植物是在拒绝阳光最强烈的谱段。很多
植物似乎迟迟地"注意到"了这一点，做出了恰当的适应性改变。其
他色素，比如反射红光而吸收黄光和绿光的类胡萝卜素和藻胆素进化

了出来。这一切都合情合理。但是那些有了新的光合作用色素的植物抛弃叶绿素了吗？没有。图 3-4 显示的是红藻的光合作用工厂。条状结构中含有叶绿素，紧挨着这些条状结构的小球里面含有藻胆素，是这种色素让红藻呈现红色。这些植物仍然谨慎地将它们从绿光和黄光中捕捉到的能量传送给叶绿素，尽管叶绿素并不吸收光线，但他们还是在所有植物的光合作用中起到了将光能转化为化学能的桥梁作用。自然不会剔除叶绿素，用更优秀的色素取而代之。叶绿素已经被深深

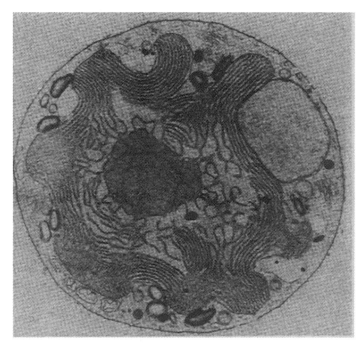

图 3-4　一种名为红藻的微小植物的电子显微镜照片

红藻的光合作用工厂叶绿体几乎占据了整个细胞。这张照片放大了 2.3 万倍，拍摄者是史密森尼学会放射生物实验室的伊丽莎白·甘特博士。

地织入了生命之锦。具有附加色素的植物肯定有所不同。它们更加有效率。但是叶绿素仍旧在光合作用的核心起着作用，哪怕其承担的职责正在缩小。我认为脑的进化经历了与此类似的过程。深层的古老部分仍然起着作用。

1. 爬虫脑

如果前面的观点是正确的，我们可以料想人脑中的爬虫脑在某种程度上仍然执行着恐龙的功能，而边缘系统中运转着美洲狮和地懒的想法。毫无疑问的是，脑进化的每个新的步骤都伴随着现存部分的生理变化。爬虫脑的进化必然见证了脑干的变化，并以此类推。我们还知道，很多功能是由脑的不同部位共同完成的。但与此同时，如果新皮层之下的部位没有在很大程度上执行它们在我们的远祖身上执行过的功能，那会是非常令人诧异的。

麦克莱恩已经证明爬虫脑在攻击性行为、领地主张、例行行为和社会等级的确立等方面起到了重要作用。除了偶尔一些令人欣慰的例外，在我看来大量现代人类官僚与政治行为都具有上述特征。我的意思并不是说在美国的政治会议中新皮层没有起作用，毕竟在这些例行公事中大量的沟通是靠话语来完成的，因此要有新皮层的参与。不过我们那么多有别于自己所言所想的真实行为都能用与爬行动物有关的语言来描述，说起来真是引人遐思。我们往往说一个杀手是"冷血"的。马基雅维利对他的王子的建议是"有意识地采纳兽性"。

在一部部分地预言了这些思想的有趣著作中，美国哲学家苏珊·朗格写道："人类的生活充满了一幕幕礼仪规范，也充满了动物性的行为。人生纷繁复杂地交织着理性与习惯、知识与宗教、散文与诗歌、事实与梦想……礼仪和艺术一样，本质上是生活经验的象征性转化过程的主动终结。它生于新皮层而非'旧脑'，但一旦脑进化到人类的阶段，它便成了脑的基本需要的产物。"除了爬虫脑就是在所谓"旧脑"中，这段话似乎完全说到了点子上。

我想要搞清楚爬虫脑影响人类行为这一论点在社会学方面有什么意义。如果官僚主义行为从根本上是受爬虫脑控制的，这是不是意味着人类的未来没有希望了？人类的新皮层占据了脑的大约85%，这显然表明了它相对于脑干、爬虫脑和边缘系统的重要性。神经解剖学、政治史和内省都证明了，人类相当有能力抵抗向爬虫脑的每一个念头称臣的冲动。比如说美国宪法《权利法案》是不可能由爬虫脑发布实施的，更别提构想。正是我们的可塑性以及我们漫长的童年，令我们比其他任何物种都能够防止自己盲目地从事被预先写入基因的行为。但是如果三重脑是人类运作方式的精确模型，那么忽略人性中爬虫的部分，尤其是我们依从惯例和划分等级的行为，将是毫无益处的。相反，这个模型可能会有助于我们理解人类是怎么回事（比如我怀疑很多精神疾病——比如紊乱型精神分裂症——强迫行为的症状或许就是因为爬虫脑的某个核心过于活跃，或者新皮层中某些抑制或者压制爬虫脑的部位失效。我还怀疑幼童经常发生的刻板重复行为是不是新皮层发育不完全的结果）。

说来有趣，吉尔伯特·基思·切斯特顿写过的一段话放在这里倒很切题："你可以让事物免受外来或者偶然的律法的规束，但是你无法让它们不受到自身本性的制约……不要尝试……鼓动三角形突破三条边构成的监牢。如果一个三角形突破了它的三条边，它的生命也就走到了可悲的结局。"然而并非所有的三角形都是等边的。我们完全能够对三重脑每个组成部分的相对地位做一些实质性的调整。

2. 边缘系统

边缘系统似乎能够产生强烈或者格外生动的情感。这直接令我们对爬行动物的意识有了一点新的领悟：它的特征并不在于强烈的激情和痛苦的矛盾，而在于忠实而淡然地执行其基因或脑决定的任何行为。

边缘系统的放电有时候会引起类似精神病患者或者迷幻药剂引发的症状。事实上，很多迷幻药的作用部位就在边缘系统。可能它控制着愉快、惊惧以及很多我们有时认为是人类所独有的微妙情感。

被称为"主腺"的垂体影响着其他的腺体，控制着人体的内分泌系统。它便是边缘区域的一个部分。内分泌不平衡能够影响情绪这一点强烈地暗示出边缘系统与精神状态之间的联系。边缘系统中有一个杏仁形状的小物体，叫作杏仁核。它与进攻性和恐惧有着紧密的联系。对温顺的家养动物的杏仁核施以电刺激能使它们进入几乎难以置信的恐惧或者狂暴状态。在某次实验中，一只家猫因为一只小白鼠的出现而恐惧瑟缩。另一方面，像猞猁那样天性凶猛的动物，被摘除了杏仁核之后，可以非常顺从地接受抚摸和摆弄。边缘系统的异常能够导致没有明显原因的愤怒、恐惧或者感伤。天然的过度刺激也可能产生同样的后果：那些身患这种病症的人可能会出现无法解释而且不合时宜的感受，并因此被认为发了疯。

诸如垂体、杏仁核和下丘脑等边缘内分泌系统的情绪控制功能至少部分地通过它们所分泌的小型激素蛋白质实现。这些蛋白能够影响其他脑区，其中最有名的大概是垂体分泌的 ACTH（促肾上腺皮质激素），视觉暂留、焦虑和注意力时长等诸多精神功能都会受到它的影响。连接下丘脑和丘脑的第三脑室中已经被初步探明存在着一些小型下丘脑蛋白，而那里同样也位于边缘系统当中。令人惊艳的图 3-5 是用电子显微镜拍摄的，表现的是第三脑室中的两个活动特写。图 3-7 有助于清晰地呈现刚刚描述到的一些脑解剖结构。

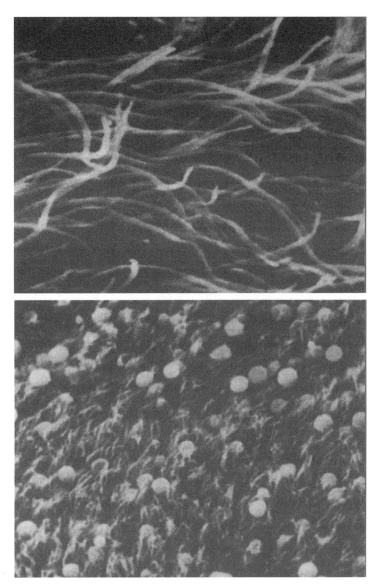

图 3-5　两张在第三脑室内拍摄的电子显微镜照片

拍摄者是韦恩州立大学的理查德·斯蒂格。我们能够看到舞动的纤细发丝或者说纤毛正在传送小型球状脑蛋白——就像一群人在头顶传递大沙滩气球。

　　有理由认为利他行为是始于边缘系统的。事实上，除了一些罕见的例外（主要是社会性昆虫），仅有哺乳动物和鸟类才会付出巨大的精力照顾幼崽。借助这种行为带来的长期可塑性，哺乳动物和灵长目动物脑强大的信息处理能力得到了充分的利用。爱似乎是哺乳动物的一项发明。[1]

　　动物行为中的很多例证表明强烈的情感主要在哺乳动物（见图3-6）身上进化出来，在鸟类当中则比较鲜见。我想家养动物对人类的依赖是毫无疑问的。很多雌性哺乳动物在其幼崽被移除后明显的悲伤行为也是人所共知。人们感兴趣的是这种情感会强烈到什么程度。马会不会偶尔闪现出隐约的爱国激情？狗对人类的感觉是不是类似于对宗教的狂喜？动物还有哪些强烈或者微妙的情感是无法向我们表达的？

　　边缘系统中最古老的部分是嗅觉中枢，而气味具备的萦绕不绝的情感特质也为很多人所熟悉。我们的记忆和回忆能力的一个重要组成部分位于边缘系统中一个叫作海马体的结构。海马体损伤造成的严重记忆障碍能够清楚地证明这种关联。在一个著名的病例中，长久遭受癫痫和惊厥困扰的患者亨利·莫莱森被施以海马体周围区域的双侧摘除术。手术成功地减少了癫痫发作的频率和强度，他立刻变成了失忆者。他仍旧拥有良好的认知能力，能够学习新的动作技能以及进行一些认知学习，但是会彻底忘记几个小时之前的一切事情。用他自己的说法就是"每一天都是孤立的——无论我曾经历过什么样的欢乐和悲伤"。他把自己的生活形容为大梦初醒时那种困惑的不断延伸——

---

　　[1] 这种哺乳动物和爬行动物照顾幼崽习性之间的差异绝非没有例外。雌性尼罗鳄会将刚孵化出的小鳄鱼小心翼翼地含到口中，运到相对安全的河水里。塞伦盖蒂平原的雄狮则会在初尝统领族群的荣耀时杀死所有的幼狮。不过总体而言，哺乳动物对幼崽的关照程度明显地高于爬行动物。这种区别在1亿年前可能会更加显著。

图 3-6　约翰·杰曼绘制的中生代爬行动物雷塞兽的可能形象

这种像哺乳动物的生物可能是最早经历了边缘系统实质性进化的生物之一。资料来源：美国自然历史博物馆。

我们很多人都体验过那种很难记起刚刚发生了什么事情的感觉。值得注意的是，尽管遭受了这一严重的损伤，他的智商在海马体切除术之后反倒有了提升。他明显能够嗅到气味，但是很难识别出气味的名字。他还明显表现出对性行为完全的无兴趣。

　　在另一个病例中，一位年轻的美国飞行员在与另一名军人决斗时受伤。一把小型花剑刺入了他的右侧鼻孔，戳到了鼻孔上方边缘系统的一小部分。这造成了严重的记忆障碍，与亨利·莫莱森的症状类似但不如他严重。他的很大一部分知觉和智能都没有受到影响。他在言语材料方面的记忆障碍格外引人注意。另外，这次事故似乎令他失去了对痛觉的感知和反应。有一次他赤脚走在一艘游船被太阳晒热的甲板上，全然不知自己的脚正在被严重灼伤，直到同行的旅伴抱怨闻到了肉被烧焦的刺鼻气味。他本人却既没有感觉到疼痛，也没有闻到气味。

通过这些病例，我们似乎能够得出明显的结论：像性这种复杂的哺乳动物行为是由三重脑完整的三个部分——爬虫脑、边缘系统和新皮层同时控制的（我们已经探讨了爬虫脑和边缘系统在性活动中的参与。新皮层参与的证据则可以通过自省轻松获得）。

旧边缘系统的一部分负责控制口腔和味觉功能，还有一个部分负责控制性功能。性与气味的联系由来已久，在昆虫当中尤其高度发达——这种现象让我们得以深刻理解我们的远祖依赖嗅觉的重要性和劣势。

我曾经在一次实验中见到一只丽蝇的头被一根非常细的金属丝连到了示波器上。示波器能够以图形显示丽蝇嗅觉系统产生的任何电脉冲（丽蝇的头刚刚从身体上摘除——以便金属丝能够连接到嗅觉构造——从很多方面来说仍旧具备功能[1]）。实验人员将很多种气味送到它面前，包括像氨水那种能够引起不适的难闻气味，都没有引起它们可辨识的反应。示波器屏幕上的线条保持着绝对的平直。接下来少量雌性丽蝇释放的性引诱素被轻轻扇向摘下来的头颅，示波器的屏幕上立刻出现了一个巨大的竖直波动。丽蝇除了雌性性引诱素之外几乎对其他气味毫无反应，但对这种分子，它的嗅觉却超乎寻常地灵敏。

这种嗅觉方面的专长在昆虫当中很常见。每秒钟只要有大约40

---

[1] 类人猿的头和身体分离后短时间内各自都能够保持非常好的功能。雌性螳螂对真诚求爱者的反应往往是咬掉对方的头颅。这样的事情对人类而言可谓不善交际，但在昆虫当中却并不如此：脑的摘除去掉了对性的抑制，鼓励雄性的残躯进行交配。事后，雌性会享用它的欢庆之宴——显然是独自完成。或许这对过度的性压抑提出了警告。

个雌性性引诱素的分子落到雄性蚕蛾羽状的触须上，它便能够探知这种气味的存在。一只雌性蚕蛾每秒钟只需要释放 1/100 微克性引诱素，便足以吸引大约 1 立方英里[1]范围内的每一只雄性蚕蛾。这就是为什么会有蚕。

对于依赖气味找到伴侣繁衍后代的习性，最有意思的开发利用大概要数发生在南非甲虫身上的事情。这种甲虫在冬天钻入地下，春天地表解冻时再钻出来，不过雄性甲虫要比雌性早几个星期便晃晃悠悠地解放了自己。在南非的同一地区，一种兰花进化出了释放与雌性甲虫性引诱剂相同气味的能耐。实际上，兰花和甲虫在进化之路上殊途同归，产生的分子本质上是一样的。雄性甲虫高度近视，而兰花的花瓣排列方式对于近视甲虫而言正如同一只做出了性迎合姿态的雌性甲虫。雄性甲虫在兰花之间享受几个星期的肉欲狂欢，而当雌性甲虫终于冒出地面的时候，我们可以想象得到那严重受损的自尊和正义凛然的愤慨。在这个过程中，兰花已经借助多情的雄性甲虫之力成功完成了异体传粉，而现在羞愧难当的雄性甲虫又在竭尽全力地延续自家香火。两种有机体都得以繁衍（顺便说一下，兰花不得不表现出十足的魅力是符合其自身利益的。如果甲虫没能成功繁衍，兰花就有麻烦了）。通过这个例子，我们发现了单纯依赖嗅觉刺激性的一个局限性。还有一个局限是，因为每只雌性甲虫释放的性引诱素都一模一样，雄性甲虫很难挑选心仪的雌性去交往。尽管雄性甲虫会表现自己来吸引异性，或者像鹿角虫那样，展以雌性为战利品的下颌对抗，但雌性性引诱素在交配中的核心地位似乎还是降低了性选择在甲虫中的作用。

爬行动物、鸟类和哺乳动物可能已经发展出了寻找伴侣的其他

---

[1] 1 英里 =1 609.344 米。——译者注

途径。但是在高等动物当中，性与气味的联系从神经解剖学意义上来说仍然是显而易见的，人类的很多风流韵事也足以成为明证。有时候我怀疑，除臭剂尤其是"女用"除臭剂，是不是一种掩盖性刺激以使我们专注于其他事情的尝试。

3. 新皮层

甚至在鱼类身上，前脑的损伤也会破坏主动性和警惕性。高等动物的这些特性变得精密复杂，似乎都位于新皮层中。那里是很多人类独有的认知功能。新皮层常常被划分成 4 个主要区域来讨论。这种区域又被称为脑叶，分别是额叶、顶叶、颞叶和枕叶。早期的神经生理学家认为新皮层主要与其本身的其他部分连接，但是现在人们了解到，新皮层与其下方的脑组织也有很多神经连接。不过新皮层的不同部分绝非实际的功能单位。每一个部分肯定都具备相当不同的多种功

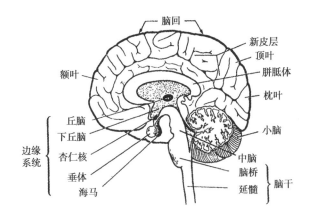

图 3-7　人脑侧视图

新皮层占据了大部分脑部空间，边缘系统以及脑干或者后脑较小。爬虫脑没有显示出来。

能，而一些功能可能是由两个或者更多部分共享。除了其他功能，额叶似乎还与深思熟虑以及对行为的监管有关；顶叶负责空间感知以及脑和身体其他部分之间的信息交换；颞叶负责多种复杂感知任务；枕叶负责视觉这种对人类和其他灵长目动物来说最重要的感官。

　　几十年来神经生理学家的主流观点是，前额后方的额叶是对未来的展望及计划功能的所在，这两项功能都是人类特有的。但是更新的研究表明情况并不是这么简单。麻省理工学院的美国神经生理学家汉斯卢卡斯·托伊贝尔研究过大量额叶损伤案例——其中大部分都是在战争中由枪伤造成的。他发现很多额叶损伤对行为几乎没有明显影响，然而额叶严重异常的"患者总体上并未失去预测系列事件的能力，但是无法将自己作为潜在的动因与那些事件联系起来"。托伊贝尔强调除了认知预测，额叶可能还参与了运动，尤其是估计自发运动的后果。额叶可能还与视觉和两足直立姿态之间的关联有所牵涉。

　　因此额叶可能以两种不同的方式参与了人类特有的功能。如果额叶控制着对未来的预期，它便必然是关切和忧虑这两种情绪的生发之地。这就是为什么切除额叶能够减少焦虑。但是额叶切除术必然极大地损伤患者为人之能力。我们为预测未来付出的代价便是对未来的担忧。预知灾难大概不怎么好玩，盲目乐观者要比凶事预言家开心得多。但是我们本性中预言凶事的那部分乃是生存之必需。在这部分人性基础上产生的控制未来的学说是伦理、魔术、科学和法律条文的起源。预知灾难的好处是能够采取行动避免它，为了长期利益牺牲短期利益。作为这种远见的结果，一个在物质方面得到保障的社会才能有闲暇用于社会和技术创新。

　　额叶的另一项功能是令人类的双足直立姿态成为可能。在发展出额叶之前，我们是不可能采取直立姿态的。我们以后还会更加细致地探讨，以双腿站立使我们解放了双手用于操作，从而引发了人类文化和生理特征的重大积淀。从实际意义上来讲，文明确实是额叶的产物。

由眼睛进入人脑的视觉信息主要由头颅后部的枕叶接收，听觉信号则进入颞叶的上半部，位置在太阳穴下方。有零星证据表明盲人和聋哑人新皮层的这些部分发育不够完善。枕叶创伤——比如由枪伤造成的——往往引起视域变窄。受害者的其他方面可能都很正常，但是在视野中央会有一块黑斑，仅仅能看到周边的景象。在其他病例中还出现了更加奇怪的幻觉，包括视野中出现呈正规几何形状、四处浮动的缺损，以及所谓的"视觉发作"，比如患者右下方地板上的物体被看成旋转了180°，飘浮在左上方的空中。通过系统地计算各种枕叶损伤造成的视觉缺损，甚至有可能确定枕叶不同部分分别负责什么视觉功能。很年幼的孩子不大可能出现永久性的视觉损伤，因为他们的脑能够自我修复或者将功能很顺利地转移给附近脑区。

将听觉与视觉刺激联系起来的能力也位于颞叶。颞叶损伤可能会导致一种失语症，也就是无法辨别口语单词。一种引人注目也非常重要的现象是，脑损伤的患者可能会完全有能力使用口语，但彻底无法使用书面语，或者反之。他们或许能够书写但无法阅读；能够阅读数字但无法阅读字母；能够说出物体的名字但叫不出颜色。新皮层的功能划分令人耳目一新，推翻了人们的一些惯常想法，比如读与写或者辨识单词与数字是非常类似的活动。还有一些未经证实的报告称，脑损伤仅仅造成了无法理解被动语态或者介词短语或者所有格结构（说不定有一天人们会找到负责理解虚拟语气的部位。我们会不会发现原来拉丁语系的语法过于丰富，而讲英语者脑解剖结构中的这个次要部分又格外缺少变化呢）。看起来语法中包括"词类"在内的多种抽象概念都已经令人惊讶地固化到了脑的特定区域里。

在一个病例中，颞叶损伤出人意料地造成了面部识别能力的缺损，甚至包括至亲的面容。看到图 3-8 中呈现的那张脸后，他称其"可能"是一个苹果。当被要求解释一下这种解读时，他把嘴说成苹果上被切的一刀，把鼻子说成被折向表皮的梗，把眼睛说成被虫子咬出的两个洞。这位患者识别房子和其他无生命物体轮廓的能力完美无缺。大量实验表明，右颞叶的损伤会造成对某些类型非语言材料的失忆，而左颞叶的损伤则会引起语言记忆的典型遗失。

在语言的发展过程——假如不是运用过程的话——当中，我们的以下能力都有所参与：阅读和绘制地图、在三维空间中导向以及使用适当标记，而头顶附近顶叶的损伤则会严重影响这些能力。一位在战争期间顶叶遭到严重穿刺的士兵在整整一年里无法把双脚伸进拖鞋，也不能在病房里找到自己的床位。不过最终他还是大体上痊愈了。

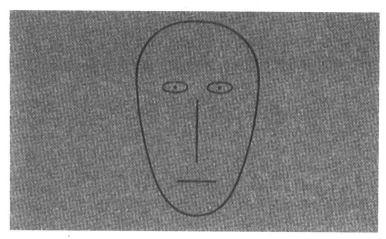

图 3-8　被患者描述成苹果的一张脸
或者说是被患者描述成脸的一枚苹果，依据托伊贝尔的研究绘制。

　　顶叶中角回的损伤会造成失读症，也就是无法识别书面语。顶叶似乎与人类所有的符号语言都有关系，而且从日常行为的角度来衡量，在所有的脑损伤当中，顶叶损伤造成的智力下降最为严重。

　　新皮层负责的抽象思维功能当中，最重要的便是符号语言，尤其是阅读、书写和数学。这些功能似乎需要颞叶、顶叶、额叶——或许还有枕叶——的共同活动。不过并非所有的符号语言都由新皮层负责。没有丝毫新皮层的蜜蜂拥有一套复杂的舞蹈语言。奥地利昆虫学者卡尔·冯·弗里希最早阐明了这种语言的含义。蜜蜂利用它来交流食物距离和方向的信息。那是一种夸大了的手势语言，是在模仿它们找到食物时的动作——就好像我们朝冰箱走几步，指一指，揉一揉自己的肚子，同时舌头一直耷拉在外面。但是这种语言的词汇量极为有限，大概只有几十个词。人类在漫长的童年经历的那种学习应该完全是新皮层的功能。

　　大部分嗅觉处理发生在边缘系统，但也有一些是在新皮层里。记忆似乎也有同样的功能分区。我们已经讨论过，除了嗅觉皮层，边缘系统中的另一个重要部分是海马体。当嗅觉皮层被摘除之后，动物仍旧能够闻到气味，但是效率低了很多。这是脑功能有冗余的又一个例证。有证据表明，现代人类对嗅觉的短期记忆存储在海马体内。海马体最早的功能可能仅仅是嗅觉短期记忆，这种记忆对追踪猎物或找到异性是有用的。但是正像亨利·莫莱森的例子那样，人类双侧海马体的切除会造成各种短期记忆的严重损伤。接受过这种切除术的患者真的是转眼就忘事。显然海马体和额叶都参与了人类的短期记忆。

　　上述功能划分有众多有趣的推论，其中之一便是短期记忆和长期记忆基本上存储在脑的不同部位。经典的条件反射——巴普洛夫的狗听见铃响便会分泌唾液的能力——似乎位于边缘系统。这属于长期记忆，但也是极有局限的一种。人类的那种复杂长期记忆位于新皮层中，这种长期记忆与人类未雨绸缪的能力是息息相关的。当我们上了年纪，有时候会忘记别人刚刚对我们说的话，却能准确、清晰地记着童年发生的事情。在这样的情况中，我们的短期记忆和长期记忆似乎都没有大碍：问题在于二者之间的连接——我们把新的材料归入长期记忆是非常困难的。彭菲尔德认为这种长期记忆形成能力的遗失是老年人对海马体供血不足造成的，原因是动脉硬化或者其他身体疾患。因此老年人——以及一些还不算太老的人——可能会在存取短期记忆方面有着严重障碍，但在其他方面却保持着敏锐和聪慧。[1] 这种现象也证明了短期记忆与长期记忆之间那种泾渭分明的区别，与它们在脑中不同的存储位置相符。快餐店的服务员能够记忆大量信息并且准确地传送到后厨。但是一个小时之后那些信息便会消失得一干二净。它们仅仅被存入了短期记忆，服务员并没有试图将它们转入长期记忆。

回忆的机制可能挺复杂。一个很常见的经验是我们知道某个事物存在于自己的长期记忆中——一个词、一个名字、一张脸、一次经验——却发现想不起来具体是什么。无论我们多么努力，那个记忆就是不肯出现。但是如果我们旁敲侧击，先来回想与之略有关联或者周边的事物，它往往就能不请自来地浮现出来（人类的视觉与此有点类似。当我们直接看一个暗淡的物体——比如说一颗星星——我们使用的是视网膜的中央凹，那里圆锥细胞的密度最大，因而视物最精准。但当我们移开视线——用口头语说，当我们朝旁边一看——便发挥了杆状细胞的作用。这种细胞对微弱的光线很敏感，因而能够看到暗淡

---

[1] 事实上，很多医学证据都表明供血与智能之间存在联系。人们早就知道，缺氧几分钟的患者会遭到永久性的严重神经损伤。为了预防中风而实施的颈动脉疏通手术会带来意想不到的好处。根据一项研究，接受这种手术6周之后，患者的智商平均提高了8分，这是一种实质性的提高。还有一些人认为身处高压氧环境中会提高新生儿的智力。

的星星）。为什么旁敲侧击能够促进对记忆的取回，了解这一点会比较有意思，或许这仅仅与不同神经回路的记忆线索有关。不过这可说明不了脑的结构及功能格外有效。

我们都有过这样的经验：从一个格外生动、吓人、深刻或者在其他方面值得记住的梦境醒来，梦里的情形历历在目。我们对自己说："早晨我肯定还会记着这个梦。"结果到了第二天对梦的内容却没有丝毫的印象，或者顶多对梦中的情绪有一些模糊的记忆。另外，如果梦对我造成了足够大的影响，以至于我在半夜叫醒妻子告诉她梦的内容，到了早晨我就能毫不困难地独立回想起来。与此类似，如果我不辞辛苦地写下来，第二天早晨的时候，我不需要回看自己的记录就能够很清楚地记起梦的内容。还有一些事情也是这样，比如记电话号码。如果我听到一个电话号码但不去想它，我就有可能忘记或者记错一些数字。如果我高声重复那些数字或者写下来，我就能很牢固地记住。这显然意味着我们脑中有个部分负责记声音和图片，但不记想法。我怀疑那种记忆是不是在我们有太多想法之前就存在了——当记住一只爬行动物攻击时的嘶声，或者老鹰从天而降的暗影很重要，但是记住自己偶然闪现的哲思却无关紧要的时候。

关于人性

尽管三重脑模型中存在着有趣的功能区域化，但我还是要强调，坚信功能的完全分离是一种过度简化。人类的仪式性或者情绪化的行为肯定深受新皮层抽象推理的影响；有人曾对纯粹宗教信仰的正当性提出过分析性的论证，对于等级行为也有着哲学上的辩解，比如托马斯·霍布斯对君主神权的"论证"。与此类似，非人类的动物——甚至一些并非灵长目的动物——似乎也展现出隐约的分析能力。我对海豚肯定是有这种印象的，在《宇宙》一书中我曾对此有过论证（见图3-9）。

图 3-9　莫里茨·科内利斯·埃舍尔的《马赛克Ⅱ》

　　尽管如此，在牢记上述警语的前提下，从以下的粗略认识入手，对理解脑功能的划分似乎倒也有所助益：我们的生活中程式化以及等级制的属性深受爬虫脑的影响，是源自我们的爬行动物祖先的；利他、情感和宗教方面的属性位于边缘系统中相当大的一部分，源于我们的非灵长目哺乳动物祖先（或许还有鸟类）；理性是新皮层的功能，在某种程度上为我们与高级灵长目和海豚、鲸等鲸目动物所共享。尽管程式、情感和理性同为人性的重要方面，最接近人类独有的特征还是抽象联系以及推理的能力。好奇和解决问题的冲动是我们这个物种的情感标记，最为典型的人类活动是数学、科学、技术、音乐和艺术——

这比通常所说的"人文"学科稍微多了几门。其实就其通常用法来看，对于何以为人这个问题，这个词似乎反映了一种格外狭隘的看法。数学与诗歌一样属于"人文"。鲸和象可能与人类一样具有"人道"。

三重脑模型来自比较神经解剖学和行为学的研究。但是人类并不缺乏真诚的自省，如果三重脑模型是正确的，我们便应该能在人类自我认识的历史上窥得其一斑。起码能让人联想到三重脑的假说当中，最广为人知的是西格蒙德·弗洛伊德对人类心理进行的本我、自我和超我的划分。爬虫脑攻击性和性的方面完美地契合了弗洛伊德对本我（本我的拉丁语为 it，指的是人性中兽性的一面）的描述；但是据我所知，弗洛伊德在对本我的描述中并没有对爬虫脑程式性或者社会等级性的方面有所强调。他确实把情感描述为自我的功能，尤其在"海洋体验"当中——这是他对宗教顿悟的说法。然而在他的描述中，超我并不主要是抽象推理的所在，而是社会及双亲结构的内化者。在三重脑模型中，我们更倾向于认为这是爬虫脑的功能。因此我只能说，精神分析中对精神的三重划分仅仅微弱地符合三重脑模型。

或许弗洛伊德对精神的另一种划分是对三重脑更加贴切的暗喻。意识、潜在但可被探求的前意识，以及被抑制而无从得知的潜意识。当弗洛伊德谈及人类时说"他的神经官能之能力不过刚好反映了他的文化发展之能力"，他心中所想乃是精神的不同部分之间存在的紧张关系。他把无意识的功能称为"首要过程"。

在《柏拉图对话录·斐德罗篇》中，能够找到一个对人类精神更加符合三重脑的隐喻。苏格拉底把人类灵魂比作一驾马车，一黑一白两匹马拉着它，一位车夫则在勉强控制。马车本身的隐喻明显地类似麦克莱恩所说的神经底座；两匹马则像是爬虫脑和边缘系统；勉强控制着疾驰的马车和马匹的车夫便是新皮层了。在另一个比喻中，弗洛伊德将自我比作一匹难以管束的马身上的骑手。弗洛伊德和柏拉图的隐喻都强调了精神的组成部分明显的独立性以及相互之间的紧张关系。这一点概括了人类精神状态的特征，而我们还会再次探讨它。因为三个组成部分之间存在的神经解剖学联系，三重脑肯定就如同《柏拉图对话录·斐德罗篇》中提到的马车一样，本身便是一种隐喻，不过它可能会被证明是一个极为有用而深刻的隐喻。

第四章
伊甸园的隐喻：人的进化

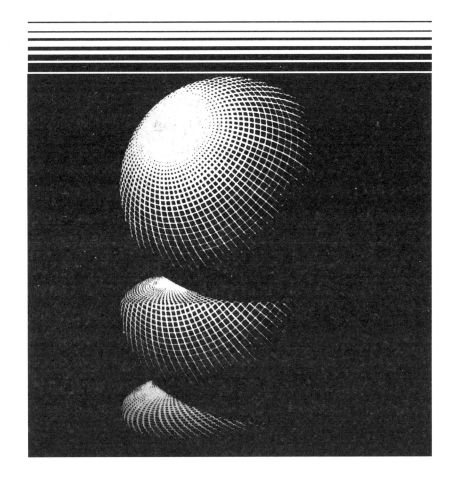

你不会因为失去这个乐园而郁郁寡欢，
你的内心将有远为幸福的另一座乐园……
他们手牵手，迈着缓慢而踯躅的步伐，
穿过伊甸园，走上孤寂的旅途。

约翰·弥尔顿

《失乐园》

你为何离了众人的行伍
那么匆忙，雄心万丈却力不从心
挑战巢穴里野性不驯的恶龙？
尽管你毫无防备？
哦，锃亮的智慧之盾又在何方？

珀西·比希·雪莱

《阿多尼》

相对于其体表面积来说，昆虫非常轻。从高处落下的甲壳虫很快就会达到最终速度：空气阻力使其不会下落得太快，而且它落地之后还会走开，显然对这次经历并不在乎。小型哺乳动物也是这样，比如说松鼠。老鼠可以被扔下 1 000 英尺[1]深的矿井，如果地面柔软的话，它会被摔晕但不会受到根本性的伤害。与此相反，人类只要从超过自身身高几十英尺的高度掉下来，就会受重伤或者死亡，这是因为我们的身材，相对于体表面积而言太重了。因此我们的树栖祖先必须小心。在树枝上荡来荡去时任何一个错误都有可能致命。每一次跳跃都是一次进化的机会。强大的选择力量使有机体进化出优美而敏捷的动作、精确的双目视觉、多种多样的操作技能、高超的眼 – 手协调能力，以及对牛顿引力的直觉掌握。但是这些技能中的每一样都需要我们祖先脑——尤其是新皮层——进化的重大进步。人类智能从根本上受惠于几百万年前我们生活在树上的祖先（见图 4-1）。

抛弃树干回到草原之后，我们可曾向往过那些优雅的飞跃，还有在森林高处斑驳的阳光里自由下落的狂喜时刻呢？当今人类婴儿的惊吓反射是不是为了防止从树顶跌落？我们关于飞翔的梦境和日间狂想，就如同列奥纳多·达芬奇和康斯坦丁·齐奥尔科夫斯基的生命所呈现的那样，是不是对枝叶之间那些岁月的怀念呢？[2]

---

[1] 1 英尺 =0.304 8 米。——译者注
[2] 罗伯特·戈达德博士对现代火箭技术和太空探索做出的贡献是难以估量的。通过几十年专注而孤独的探索，他以一人之力开发出现代火箭几乎所有的重要部分。戈达德在这一领域的兴趣始于一个魔法般的时刻。在 1899 年秋天的新英格兰，17 岁的中学二年级学生戈达德爬上了一棵樱桃树，悠闲地瞧着下方的地面，忽如醍醐灌顶一般，仿佛看到了一部将人送到火星的车辆。他下定决心投身到这个任务当中。刚好 1 年之后，他再次爬上那棵树。从此之后的每年 10 月 19 日，他都要郑重其事地回味那个时刻。在一棵树的枝叶之间瞥见通往其他行星的旅程，并且这梦想径直走向了自身历史性的圆满，难道这只是巧合吗？

其他哺乳动物也有新皮层，甚至包括那些非灵长目也非鲸目的哺乳动物。可是在通往人类的进化之路上，新皮层最早的大规模发展是在什么时候呢？我们的类人猿祖先都已经不在了，但这个问题却并非无法回答，起码能够得到探讨：我们可以检测头骨化石。人类、猿、猴子，以及其他哺乳动物的脑几乎都填满了整个颅腔。除此之外，比如鱼脑，却并非如此。因此通过对颅骨铸模，我们能够确定我们

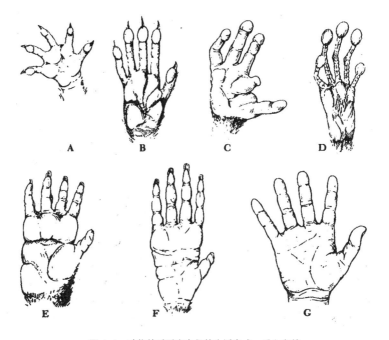

图 4-1 动物的手适应它们的生活方式，反之亦然

图中显示的分别是 A 负鼠、B 树鼩、C 树熊猴、D 眼镜猴、E 狒狒（这一肢体兼具手和足的作用）、F 因臂行而特化的猩猩以及 G 拇指相对较长而且与其余四指相对的人。

资料来源：*Mankind in the Making*，by William Howells，drawings by Janis Cirulis（Doubleday）。

最近的祖先以及旁系亲属的所谓颅腔模型容积，并粗略地估计它们的颅容量。

谁是人类的祖先，而谁又不是，古生物学家仍然在激烈地争论着这个问题。几乎每一年都会有人发现带有显著人类特征的化石，而且其年代之古老远超人们之前的估计。可以肯定的是，大约500万年之前有过一群类似猿的动物——纤细型南方古猿。它们双足行走，颅容量约为500毫升，超出当代黑猩猩的颅容量大约100毫升。根据这个证据，古生物学家推断"双足行走早于脑的发展"，也就是说我们的祖先首先直立行走，然后才进化出巨大的脑（见图4-2）。

到300万年前的时候，已经出现了好几种双足行走的生物，其颅骨容量相互悬殊，有一些比几百万年前东非的纤细型南方古猿大了很多。其中一种被出生在肯尼亚的英国古人类学者路易斯·里奇称为能人的，颅容量大约为700毫升。我们还有考古学证据证明能人会制作工具。查尔斯·达尔文首先提出了一个观点：双足行走解放了双手，这是使用工具的结果，又反过来影响了工具。这些行为方面的重大变化伴随着颅容量方面同样重大的变化，这一事实并不能证明二者之间存在着因果关系，但是根据我们之前的讨论，这种偶然的联系显得很有可能。

表4-1列出的是，所有发现于1976年的我们最近的祖先和旁系亲属的化石证据。两种很不一样的南方古猿并不属于人属。它们还不是完全只用双足站立的生物，颅容量大约只有今天成人平均颅容量的三分之一。假如我们在地铁上遇见一只南方古猿，我们大概会因为其几乎完全没有前额而惊异万分。两种南方古猿之间有着显著的区别。粗壮型南方古猿更高也更重，长着"坚果粉碎机"一般引人注目的大牙，具备非凡的进化稳定性。在几百万年的时间里，粗壮型南方古猿

图 4-2　500 万年前纤细型南方古猿一家

资料来源：Copyright©1965，1973 Time，Inc。

表4-1　最近的人类祖先和旁系亲属的化石证据

种类	现存最早的标本距今年限/万年	颅容量/毫升	身高和体重	脑体质量比	备注
粗壮型南方古猿（包括傍人和东非傍人）	350	500~550	1.5 m (5') 40-60 kg (85~130 lbs.)	~1/90	较大的咀嚼器；矢状嵴；可能是素食动物；不完全的双足直立行走；几乎没有前额；丛林栖息地；没有制作工具
非洲南方古猿（纤细型南方古猿）	600	430~600	1~1.25 m (3'~4') 20-30 kg (45~65 lbs.)	~1/50	更坚固的大齿和门齿；可能是杂食动物；不完全的双足直立行走；较小的前额；丛林和灌木栖息地；使用石头、骨头制成的工具
能人	370	500~800	1.2-1.4 m (4'~4½') 30-50 kg (65~110 lbs.)	~1/60	较高的前额；杂食动物；双足直立行走；大草原栖息地；制作石器工具；可能具备建筑能力
直立人（猿人）	150	750~1 250	1.4-1.8 m (4½'~6') 40-80 kg (100-180 lbs.)	~1/65	较高的前额；杂食动物；双足直立行走；多样化的栖息地；制作多样化的石器工具；学会了用火
智人	20	1 100~2 200	1.4-2 m (4½'~6½') 40-100 kg (100-220 lbs.)	~1/45	较高性的前额；杂食动物；双足直立行走；全球性的栖息地；使用石器工具，金属，化学品、电子，核能等各类工具

毫升=立方厘米；m=米；kg=千克

不同个体之间颅容量差异极小。从牙齿上判断，纤细型南方古猿可能是杂食动物。就像它们的名字一样，它们身形娇小，体态轻盈。然而它们比粗壮型南方古猿寿命长很多，颅容量相差也更大。但最重要的是，纤细型南方古猿的遗址中看得出目的分明的劳作：石头、动物骨头、犄角和牙齿被不辞辛苦地切碎、砸断、打磨、抛光，制成了用于凿、削、捶和切的各种工具。粗壮型南方古猿却从未制造过任何工具。纤细型南方古猿的脑体质量比几乎是粗壮型的两倍，人们会很自然地思考：会不会正是这个两倍的差别造成了有工具和无工具的不同。

就在粗壮型南方古猿出现的同一时代，一种新的动物——能人出现了，这是第一种真正的人类。能人身型更大，体重和颅容量高于两种南方古猿，脑体质量比则与纤细型南方古猿相当。它们出现的时代，正值森林因为气候的原因而消退，因而它们居住在广袤的非洲大草原上。那是一个极富挑战的环境，充满了各种各样的弱肉强食。在这些矮草葱葱的平原上诞生了第一个现代人和第一匹现代马。这两个物种差不多是完全同龄的。

6 000万年以来有蹄类的持续进化被化石完整地记录下来，一直到现代马的诞生。5 000万年前的始祖马大概和一只英国牧羊犬差不多大，颅容量大约为25毫升，脑体质量比差不多相当于同时代可与之相比的哺乳动物的一半。自那时起，马的绝对和相对颅容量都经历了引人注目的演变，新皮层——尤其是额叶得到了重大的发展，而这种演变肯定伴随着智力的长足进步。我怀疑马和人在智力方面的同步发展有着共同的原因。比如说，是不是必须具备迅急的步伐、敏锐的感官和一定的智能，才可以躲避那些既追捕灵长目也猎杀马的猎食者？

能人的前额较高，暗示其新皮层中的额叶和颞叶以及脑中与语言能力相关的部位都有了显著的发展，对于后者我们还会在后文中探讨。假如我们在当代某座都市的林荫大道上遇见一位衣着入时的能人，我们大概仅仅会向它投去不经意的一瞥，而那也只是因为它相对瘦小的身材。能人使用的工具多种多样，也相当复杂。另外，多处被排列成环形的石头遗迹证明，能人可能建造过房屋。早在更新世冰河期之前，人类正式定居洞穴之前，能人就已经在户外修建家园了——原料可能是木头、藤条、草和石头。

　　由于能人和粗壮型南方古猿出现于同一时代，其中一个是另一个祖先的可能性极小。纤细型南方古猿也曾与能人共存，但它们的起源古老得多（见图4-3）。因此有可能——但完全无法确定——在进化道路上有着光明未来的能人和走到了死胡同的粗壮型南方古猿都源

图4-3　几百万年前奥杜瓦伊峡谷附近的东非大草原
近景右侧有三个人科动物，可能是南方古猿，也可能是能人。背景中的活火山就是现在的恩戈罗恩戈罗火山。

自纤细型的非洲南方古猿，而纤细型南方古猿生存得足够长久，一直延续到了能人和粗壮型南方古猿的时代。

第一种颅容量达到现代人水平的人类是直立人。多年以来，直立人的化石样品主要来自中国，被认为大约有 50 万年的历史。不过 1976 年肯尼亚国家博物馆的理查德·里奇宣布在 150 万年前的地层中发现了一块几乎完整的直立人头骨。由于中国直立人化石与篝火余烬有着显著的关联，我们的祖先可能早在 150 万年之前就已经学会了用火——这使得盗火者普罗米修斯年岁之高超过很多人的想象。

与工具有关的考古记录最不同寻常的一点大概是工具一经出现，便立刻丰富多样，就好像某个灵感迸发的纤细型南方古猿首先发现工具的用途之后，便立刻将制造工具的方法传授给了亲戚朋友。如果说南方古猿没有教育机构，便根本无从解释石制工具断断续续地出现。肯定曾经有某种石艺指南将制造和使用工具的宝贵知识代代相传——正是这些知识最终驱使那么孱弱、几乎完全没有防卫能力的灵长目动物成了地球的主宰。目前还不清楚，人科是独立发明了工具，还是从南方古猿那里学来的这些技巧。

我们从表 4–1 可以看出，采用多种测量标准，纤细型南方古猿、能人、直立人和现代人的脑体质量比都大体上差不多。因此我们在最近几百万年里取得的进步便无法用脑体质量比来解释，而是要从总脑量的增加、进一步的新功能特化、脑复杂度的增加，特别是体外学习等方面来找原因。

路易斯·里奇强调，几百万年前的化石记录中充满了大量的人形动物，有趣的是其中不少的头骨上发现了洞或者断裂。这些伤痕中有一些可能来自猎豹或者鬣狗，但是里奇和南非解剖学家雷蒙德·达特相信，也有很多是我们祖先的手笔。在上新世 / 更新世时代，很多人形动物之间肯定发生过激烈的争斗，而只有一条谱系幸存下来——
也就是工具专家，引向了我们的这条谱系。在那场争斗中，杀戮起到
了什么样的作用仍然没有定论。纤细型南方古猿直立行走，动作轻巧
敏捷，身高 3.5 英尺，堪称"小矮人"。我有时怀疑我们那些关于侏儒、
巨魔、巨人和矮人的传说会不会是来自那个时代的遗传或者文化记忆。

————————

　　就在人科动物的颅腔容积经历其非凡增长的同时，人类解剖结
构出现了另一个显著的变化。牛津大学的英国解剖学家威尔弗雷德·勒
格罗斯·克拉克爵士注意到，人类骨盆曾经出现大规模的重塑。这种
适应性状的出现很有可能是为了让最新型的大脑袋宝贝得以出生。如
今在不损伤女性行走效率的前提下，产道周围的骨盆不可能再有任何
实质性的扩大（在出生时，女孩的骨盆及骨盆开口就已经明显比男孩
大，女性骨盆的第二次大幅扩张发生在青春期）。这两个进化事件的
并行发生清晰地展现了自然选择是如何起效的。继承了大骨盆的母亲
能够产下大头婴儿。而由于其智力上的优势，这些大头婴儿成年后在
竞争中能够战胜小骨盆母亲产下的小头后代。在更新世，手握石斧的
人更有可能在激烈的意见不合中获胜。更重要的是，他还是一个更加
成功的猎人。但是石斧的发明和持续制造都需要更大的颅容量。
　　据我所知，地球上的数百万物种当中，仅有一种动物的分娩普
遍是痛苦的：人类。这肯定是由于颅腔容积最近持续不断地增长。现
代人的颅容量约为能人的两倍。生产的痛苦是因为人类脑壳进化得特
别快，而且进化发生在最近。美国解剖学家贾得森·赫里克曾经这样
描述新皮层的发展："它在其发展史最近一段时期爆炸式的增长是比

较解剖学领域最引人注目的进化转换事例之一。"婴儿出生时头骨闭合不完全，也就是囟门的存在，很有可能便是尚未完全适应脑的这一近期进化的表现。

《创世纪》似乎有点令人意外地将智能的进化与分娩的痛楚联系起来。作为对食用分辨善恶之树果实的惩罚，上帝对夏娃说[1]："你生产儿女必多受苦楚（《创世纪》3：16）。"有意思的是，上帝所禁止的并非获得任何其他的知识，而仅仅是辨识善恶的能力，也就是抽象及道德的判断。如果说这种能力位于某处的话，那它的位置便是新皮层。即便在夏娃的故事被写就的年代，人们也已经意识到认知能力的发展赋予了人类上帝般的能力和巨大的责任。上帝说："那人已经与我们相似，能知道善恶；现在恐怕他伸手又摘生命树的果子吃，就永远活着（《创世纪》3：22）。"他必须被逐出伊甸园。上帝命天使手执火焰之剑在伊甸园东侧守着生命树，免得其被人类的野心染指。[2]

在三四百万年前那个传奇般的黄金年代，人科动物混迹于其他动植物之间（见图 4-4）。对我们的祖先而言，或许当时的地球和伊甸园并没有很大的区别。被逐出伊甸园之后，根据《圣经》的描述，我们发现人类遭受了各种苦难：死亡、辛苦地劳作、以衣物和稳重的性格来避免性刺激、男性支配女性、驯化植物（该隐）、驯化动物（亚伯）、谋杀（该隐以及亚伯）。这些都与历史和考古记录完美吻合。在伊甸园的隐喻中，人类堕落之前没有谋杀。但是其他进化路线上那

---

[1] 上帝对那条蛇的判决是从今往后"用肚子行走"——暗示之前的爬行动物都有另外的移动方式。这当然是完全正确的：蛇是从样子像龙的四足爬行动物祖先进化而来的。很多蛇仍然具有祖先四肢的解剖学遗迹。

[2] 原文中的"天使"一词是复数形式，而《创世纪》（3：24）中明确指出只有一把火焰之剑。想来火焰之剑有些紧缺。

图 4-4 《创造亚当》（博洛尼亚圣彼得教堂大门浮雕）
作者：雅各布·德拉·奎尔西亚。
资料来源：Alinari。

些两足动物破碎的头骨或许可以证明，甚至在伊甸园里，我们的祖先便曾经杀死过很多类人动物。

文明不是从亚伯那里发展起来的，而是源自谋杀者该隐。英文中的"文明"（civilization）是拉丁语的"城市"一词转化过来的。

我们认为标志文明和技术得以出现是因为最早的城市中出现了空闲的时间、社区组织和劳动分工。根据《创世纪》的叙述，最早的城市是该隐建造的。他是农业的发明者——这项技术需要固定的居所。他的后裔，拉麦的儿子们发明了"铜铁工艺"和乐器。冶金学和音乐——也就是技术和艺术——出现在该隐的谱系里。导致谋杀的激情也并未减退，拉麦说："壮年人伤我，我把他杀了。少年人损我，我把他害了。若杀该隐，遭报七倍。杀拉麦，必遭报七十七倍。"从此之后，谋杀与发明之间的联系便一直伴随着我们。二者都来自农业和文明。

死亡的意识肯定是随前额叶的进化而获得的预期能力的最早结果之一。人类大概是地球上对自身不可避免的终结有着相对清晰认识的唯一有机体。至少在我们的尼安德特人亲戚的年代，就已经有了以食物和器物作为陪葬的葬礼。这说明当时不仅有了对死亡的广泛认识，还已经发展出维持死者来世生活的葬礼。在新皮层引人注目的增长之前，在被逐出伊甸园之前，死亡也从来不曾缺席，只不过直到那个时候，人类才开始注意到死亡将是自身的命运。

对于人类近期进化过程中某些重大生物学事件，伊甸园里的堕落看上去是贴切的隐喻（见图 4-5 和图 4-6）。这也许是这个故事广受欢迎的原因。[1] 它倒还不至于了不起到要求我们相信某种对古代历史事件的生物学记忆，但是在我看来至少值得冒险提出这个问题。这种生物学记忆的存储位置当然只能是基因编码。

在 5 500 万年前的始新世，树栖和地面上的灵长目出现了一次大规模的分化，其中一条进化路线最终产生了人类。那个时期的一些灵长目动物，比如原猴亚目中的梯吐猴的颅腔中出现了小小的神经节，后来那些地方进化出了额叶。最早隐约呈现人类特点的脑的化石证据

---

[1] 广受欢迎仅仅是在西方。关于人类的起源，其他文明当然也有很多见解深刻、意义深远的神话传说。

可以上溯到 1 800 万年前的中新世，当时出现了一种叫作原康修尔猿或森林古猿的人猿。原康修尔猿四足行走，生活在树上，有可能是今天的大型猿类乃至人类的祖先。它大体上就是我们设想中猿和人共同

图 4-5 《长着引人注目的人头的爬行动物对夏娃和亚当的诱惑》（博洛尼亚圣彼得教堂大门浮雕）
作者：雅各布·德拉·奎尔西亚。
资料来源：Alinari。

祖先的样子（有些考古学家认为，差不多和它同时代的西瓦古猿才是
人类的祖先）。原康修尔猿的颅腔模型显示出可辨别的额叶，但是新
皮层的脑回发展得不如今天的猿和人完善。它的颅容量仍旧非常小。
颅容量最大的一次爆发性进化发生在最近几百万年里。

图 4-6　《逐出伊甸园》（博洛尼亚圣彼得教堂大门浮雕）
作者：雅各布·德拉·奎尔西亚。
资料来源：Alinari。

根据描述，接受过前额叶白质切除术的患者失去了"连续的自我感"——也就是我是一个特定的个体并对自己的生活和环境有一定把控的感觉、自己作为"我"的那部分、个体的独特性。有可能没有宽大额叶的低等哺乳动物和爬行动物也缺少这种或真或幻的个性及自由意志的感觉。这种感觉为人类所特有，可能原康修尔猿最早对其有隐约体会。

人类文化的发展和那些我们认为是人类独有的生理特征的进化极有可能是相携而行的——这个词差不多可以按照字面意思理解：我们的遗传倾向越适于奔跑、沟通和操作，我们就越有可能开发出有效的工具和捕猎策略。我们的工具和捕猎策略适应性越强，我们独有的遗传天赋就越有可能存活下去。加利福尼亚大学的美国人类学家舍伍德·沃什伯恩说过："很多在我们看来为人类独有的特征都是在使用工具之后很久才进化出来的。认为我们的结构是文化的结果，大概要比认为具有我们这样解剖结构的人慢慢发展出文化要正确一些。"

一些人类进化方面的研究者认为，脑进化过程中这次大爆发背后的选择压力作用于运动皮层，而不是一开始便作用于负责认知过程的新皮层区域。他们强调了人类以下的不凡能力：精准地投掷、优雅地行动，以及在裸体的情况下——这是路易斯·里奇乐于直接展示的——能够追上并捉住猎物。棒球、橄榄球、摔跤、田径、国际象棋等运动以及战争的吸引力——还有众多男性对它们的追随——可能都要归功于这种内在的捕猎技巧。几百万年的人类历史中，我们得益于这些技巧，现在却发现它们没有了用武之地。

有效地防御猎食者和捕杀猎物都是需要协作的行为。人类进化的环境——上新世和更新世的非洲——居住着多种可怕的食肉类哺乳动物，其中最令人畏惧的大概要算成群的大鬣狗。孤身一人很难抵御那样的鬣狗群。跟踪大型动物，不管是独行野兽还是兽群，都是危险的，猎人之间有必要采用某种手势沟通方式。比如我们知道，人类在更新世经过白令海峡进入北美洲之后不久，曾经有过对大型猎物的大规模捕杀，而方式通常是将它们赶下悬崖。为了跟踪一头单独的角马或者把一群羚羊驱散猎杀，猎人们必须共享至少一套最简单的符号语言。亚当的第一个行为便和语言有关——远早于人类的堕落，甚至早于夏娃的创生：他为伊甸园里的动物取了名字。

当然一些手势性的符号语言的起源远早于灵长目动物：犬科和其他建立等级结构的哺乳动物可能会以避免眼神接触和露出脖颈的方式表达臣服。我们提到过恒河猴等灵长目动物中的臣服仪式。人类鞠躬、点头和屈膝等致意方式可能有着类似的起源。很多动物似乎用咬来表达友谊，而咬的力度并不至于造成伤害，仿佛在说："我能够咬你，但是决定不那么做。"人类致意时举起右手的姿态也有着完全相同的含义："我能够用武器攻击你，但是并没有携带武器（见图4-7）。"[1]

很多人类狩猎群体都使用着内容丰富的手势语言——比如平原印第安人，他们还会使用烽烟信号。根据荷马记载，希腊勇士在特洛伊得胜的喜讯就是通过一连串烽火行经几百英里从伊利昂传回了希腊。当时大约是公元前1 100年。不过符号或手势语言能够传达的信息量和沟通速率都是有限的。达尔文指出，当我们的双手忙于其他事务、晚上或者视线被阻挡看不到手时，手势语言便无法有效地使用

---

[1] 举起而且张开的右手有时候被称为表达善意的"通用"象征。起码从古罗马执政官卫队到北美苏族印第安人侦察兵，这都是适用的。由于在人类历史上，武器的使用者主要为男性，所以这应该是而且确实是典型的男性致意手势。基于这一点以及其他一些原因，第一个离开太阳系的人造物品——先驱者10号宇宙飞船的镀金铝板上画着一对裸体男女，其中男性举起右手，露出手掌，做出致意的姿势。我在《宇宙》中说过，镀金铝板上的人类画像是整个信息中最含糊的部分。不过我还是很好奇：那名男子姿势的含义能够被生理特点截然不同的物种解读吗？

图 4-7　语言的发展是人类进化中的重要转折点

说书文化是语言发展过程中的数个高峰之一，要早于文字的发明。

资料来源：Photo by Nat Farbman，*Life*. Courtesy of Time-Life Picture Agency，© Time Inc。

了。我们想象得到，手势语言逐步得到口头语言的扩充并最终被取而代之——口头语言一开始可能只是拟声（也就是说对正在描述的物体或者行为的声音的模仿）：孩子们称狗为"汪汪"。几乎所有人类语言中，儿语中"母亲"一词听起来都像在模仿哺乳时无意发出的声音。但是如果没有脑的重构，这一切都不会发生。

　　根据早期人类的骨骼残余，我们能推断出我们的祖先都是猎人。对捕猎大型动物的了解又使我们认识到，在合作追踪的过程中，语言是必不可少的。但是哥伦比亚大学的美国人类学家拉尔夫·霍洛威对颅骨化石铸型的详细研究意外地支持了语言历史久远的想法。霍洛威用橡胶胶乳制作头骨化石的铸型，并试图通过头骨的形状推断脑活动细节。这种方法有点像颅相学，只不过是基于颅骨内部而不是外部，而且有根据得多。霍洛威相信语言所需的数个中枢之一，一个叫作布洛卡区的脑区，能够在化石铸模中被检测到。他在超过200万年前的能人化石中找到了布洛卡区的证据。语言、工具和文化的发展可能大体发生在同一时期。

　　顺便说一下，几万年前生活着两种类人生物——尼安德特人和克罗马侬人。他们的平均颅容量大约为1 500毫升，也就是说超出我们100多毫升。大多数人类学家认为我们不是尼安德特人的后代，而且可能也不是克罗马侬人的后代。但是他们的存在引出了问题：这些家伙到底是谁？他们有过什么样的成就？克罗马侬人身材也很高大，一些样本超过了6英尺高。我们已经知道，100毫升的颅容量差异似乎无关紧要，他们也许并不比我们或者我们的直系祖先聪明，抑或他们有着目前仍未知的身体障碍。尼安德特人眉线较低，但是头的前后距离较长。相比而言，我们的头没有那样的纵深，但是较高一些，我们肯定可以被称为"高眉人"。会不会尼安德特人的颅容量增长发生在顶叶和枕叶，而我们祖先的则发生在额叶和颞叶呢？有没有可能尼安德特人发展出了一种与我们截然不同的智力，而凭借着语言和预期

图 4-8　更新世高峰聚会

由左至右：能人（未完全修复）、直立人、尼安德特人、克罗马侬人、智人。

资料来源：Photograph by Chris Barker. Copyright © Marshall Cavendish Ltd。

能力方面的优势，我们才得以彻底消灭了我们粗壮而聪明的表亲（见图 4-8）？

目前据我们所知，几百万年之前，或者至少几千万年之前，地球上没有出现过人类那样的智能。但这只是地球年龄的百分之零点几，在宇宙日历上位于 12 月很晚的时候。智能为什么出现得那么晚？答案显然应该是高级灵长目和鲸目脑的某些特定属性直到最近才进化出来。但具体是什么属性？我可以给出至少 4 种可能，每一种都已经被直接或者隐晦地提及过了：①从未有过如此巨大的脑；②从未出现过这么大的脑体质量比；③从未有一个脑具备特定功能单元（比如巨大的额叶和颞叶）；④从未有一个脑拥有那么多神经连接或者突触（似乎有证据表明，在人脑的进化过程中，每个神经元与其邻居的连接数量以及神经回路的数量都有过增长）。第①、②和④条解释论证了量变引起质变的道理。在我看来，目前人们还无法在这4种可能之间做出干脆利落的选择，而且我怀疑真相实际上包含了这些可能中的大部分或者全部。

研究人类进化的英国学者阿瑟·基斯爵士提出过一个人脑进化过程中所谓"临界点"的概念。他认为当颅容量达到直立人的水平——约750毫升，大致相当于一台摩托车发动机——独特的人类品质才出现。当然，"临界点"可能更多地体现在质量而非数量方面。或许多出200毫升造成的区别赶不上额叶、颞叶和顶叶的发展，是它们给了我们分析能力、远见和焦虑。

我们可以争论"临界点"代表了什么，这种临界点的观念却也并非全无价值。但是如果在750毫升左右有一个临界点，而100或者200毫升的差异——在我们看来——并非有无智能的决定性因素，那么猿会不会具备某种人类意义上的智能呢？黑猩猩典型颅容量为400毫升；低地大猩猩的为500毫升。这是使用工具的纤细型南方古猿的颅容量范围。

犹太历史学家约瑟夫斯补充过一条人类被逐出伊甸园时受到的惩罚与苦难：失去了与动物交流的能力。黑猩猩有巨大的脑，也有发展良好的新皮层。它们也有着漫长的童年和长期的可塑性。它们能够进行抽象思考吗？如果它们很聪明，那它们为什么不会说话呢？

第五章
兽的抽象

我要求你，以及整个世界，向我展示将人和猿区分开的普遍特征。我本人对此是一无所知的。我希望有人能对我指明一个。但是如果我把一个人称为猿，或者反之，我便会被所有的教会谴责。作为一名自然主义者，我或许应该这么做。

卡尔·林奈

生物分类学奠基人，1788 年

　　"野兽没有抽象思维。"约翰·洛克的这句话道出了整个有记录历史中人类的主流观点。不过贝克莱主教对此有一句语带讥讽的反驳："如果没有抽象思维这一事实被认为是野兽的特性，我担心很多原本被认为是人类者也要被划入兽类的行列了。"抽象思维，至少就其多种多样的微妙形式而言，并非普通人日常生活中的恒常不离之物。抽象思维会不会仅可言其程度之深浅而并无泾渭分明的种类区分？其他动物会不会也有抽象思维的能力，只不过比起人类而言，较为稀少也较为肤浅？

　　我们都有一种其他动物不太聪明的印象。但是我们究竟有没有足够仔细地验证动物拥有智能的可能性，或者就像弗朗索瓦·特吕弗那部寓意深刻的影片《野孩子》所揭示的那样，我们仅仅把没有以我们的方式表现智能等同于没有智能？在探讨与动物的沟通时，法国哲学家蒙田曾经说过："妨碍我们与它们沟通的障碍，为什么不会既与它们有关，也与我们有关？"[1]

　　当然，表明黑猩猩拥有智能的逸闻趣事还是相当多的。最早对类人猿行为——包括其在野外的行为——的严肃研究是由阿尔弗雷德·拉塞尔·华莱士在印度尼西亚开展的。他是以自然选择为动因的

---

[1] 我们难以理解其他动物或者与其沟通，可能是因为我们不愿意领悟与世界打交道的陌生方式。比如说海豚和鲸，不仅通过一套相当复杂的回声定位技术感知周围环境，还利用一种丰富和复杂的敲击互相沟通，而人类至今都没能对这种敲击做出解读。最近出现的一个非常聪明的观点正在接受审视，是说海豚之间通过包含着对正在描述对象的声呐反射特征的重建。根据这种观点，海豚并不是仅仅"说"出指代鲨鱼的单词，而是传送一系列敲击，而这些敲击对应着当声波辐射到一条鲨鱼时，它会接收到的回声波谱。在这种观点看来，海豚之间基本的沟通形式是一种听觉模拟、一种音频图像的绘制——在这个例子中，是一只鲨鱼的漫画。我们完全想象得出，这种语言通过对某种听觉画谜的运用，从具体到抽象思想的延伸，而这与人类书面语言在美索不达米亚和埃及的发展都很类似。因此海豚也有可能创造出源自其想象而非经验的非凡听觉图像。

进化现象的发现者之一。华莱士的结论是，他所研究的幼年猩猩行为"与类似环境中的人类幼儿别无二致"。事实上，马来语中用来表示猩猩的词"orangutan"原意并非猿而是"林中人"。托伊贝尔复述过很多他的父母讲的故事。20世纪初，作为德国先驱性的人类学者，托伊贝尔的父母在西班牙加那利群岛的特尼里弗岛上建立并运营了第一个致力于黑猩猩行为的研究站。沃尔夫冈·苛勒对黑猩猩"苏丹"的著名研究正是在那里开展的。这只黑猩猩"天才"到能够把两根杆子接到一起来获取本来够不着的香蕉。也是在特尼里弗岛上，人们还曾经观察到两只黑猩猩虐待一只鸡：一只黑猩猩把食物伸到鸡面前，引诱其靠近，这时候另一只黑猩猩就会用一段藏在身后的电线捅那只鸡。鸡会后退，但很快再次靠近——因而再次挨打。这幕场景完美地融合了几个时常被认为是人类所独有的行为：合作、未来的行为计划、欺骗和残忍。这也揭示出，鸡的规避性学习能力非常差。

直到几年前，被广泛采用的与黑猩猩沟通的方式是这样的：一只新生的黑猩猩被带到一个有人类新生儿的家庭中，二者被共同抚养——同样的婴儿床、同样的摇篮、同样的高椅子、同样的便壶、同样的桶装尿片、同样的婴儿爽身粉。三年之后，年轻的黑猩猩显然已经在双手灵活度、奔跑、跳跃、攀爬和其他运动技能方面远超人类幼儿。但是当人类幼儿欣快地喋喋不休时，黑猩猩只能带着极大的困难说"妈妈""爸爸"和"杯子"。由此人们得出了广被接受的结论，那就是在语言、推理和其他高级精神功能方面，黑猩猩仅有最低的能力："野兽没有抽象思维。"

但是在回顾这些实验时，内华达大学的心理学家比阿特丽丝·加德纳和罗伯特·加德纳夫妇意识到黑猩猩的咽喉不适于像人类那样说话。人类的嘴有着奇妙的多重用途：进食、呼吸和沟通。对昆虫而言，比如通过摩擦腿来彼此呼唤的蟋蟀，这三项功能由三个完全分离的器官系统来实现。人类的口头语言似乎是偶然产生的。人类将具备其他功能的器官系统用于沟通也表明了我们的语言能力是在相对较晚的时候进化出来的。加德纳夫妇推测黑猩猩或许具备足够的语言能力，却因为解剖结构的限制而无法表现出来。有没有什么符号语言，他们发问道，能够利用黑猩猩解剖结构的强项而非短处呢？

加德纳夫妇想到了一个绝妙的主意：向一只黑猩猩传授美国手语。这种首字母缩写为 Ameslan 的语言有时候又被称为"美国聋哑人语言"（显然"哑"字指并非因智力的缺陷而无法说话）。它完美地适合黑猩猩双手高度的灵活性，还具备口语的所有关键设计特征。

现在得到文字或者影像保存的对话已经积累成了一个庞大的资料库，所用的语言包括美国手语和其他手势语，参与者包括华秀、露西、拉娜以及加德纳夫妇等人研究的其他黑猩猩。有些黑猩猩不仅能够运用 100~200 个词汇，它们还能够区分开具有显著区别的语法模式和句法。更重要的是，它们在构建新的词汇和短语方面创造力非凡。

第一次看到一只鸭子呱呱叫着跳入池塘时，华秀比画出"水鸟"一词，这正是英语和其他语言中表达同样意思的短语，但华秀是为了表达当时的情境而创造出来的（见图 5-1）。拉娜从未见过苹果之外的球形水果，但是知道表示几种主要颜色的手势，当它瞧见一名技术人员吃橘子时，做出了"橙色苹果"的手势。尝过一个西瓜之后，露西将其描述为"糖饮料"或者"饮料水果"，后者本质上和英语中表示西瓜的词"water melon"（直译"水甜瓜"）是一回事。但是第一次被萝卜辣了嘴之后，露西一直称它们为"喊叫伤害食物"。一个被意外放进了华秀杯子里的小玩偶得到了"我饮料里的宝宝"的回应。当华秀弄脏了物品，尤其是衣服或者家具,研究人员教给了它表示"脏"

的手势，而它又把这个手势推广成了对"侮辱、滥用和虐待"的一般性描述。一只惹它不悦的恒河猴被持续不停地施以"脏猴子、脏猴子、脏猴子"的手势。华秀偶尔还会说"脏杰克，给我饮料"这样的话。拉娜在某个心烦意乱却不失创造力的时刻，称它的训练员为"你这坨绿屎"。黑猩猩发明了骂人的话。华秀似乎还有种幽默感。有一次骑在训练员肩膀上时，它或许是无意间尿在了他身上，随后它做出了"好玩，好玩"的动作。

露西最终能够明确区分短语"罗杰胳肢露西"和"露西胳肢罗杰"的区别，而这两种活动它都乐在其中。与此类似，拉娜从"提姆清洁拉娜"推出了"拉娜清洁提姆"。华秀曾被观察到在"阅读"一本杂志——也就是慢慢地翻页，专注地看里面的图片，在没有特定对象的情况下做出相应的手势，比如看到老虎图片时做出"猫"，看到一则苦艾酒广告时做出"饮料"。学会表达对门做"开"的动作后，华秀把这个概念推广到了公文包上。它还试图与实验室里的猫用美国手语交谈，结果发现猫是研究中心里唯一的文盲。掌握了这种不同寻常的沟通方式之后，华秀可能会对猫不会美国手语感到惊讶。有一次露西的养母简离开实验室时，露西凝视着她的背影，用手势表达"哭的我。我哭"。

博伊斯·伦斯伯格是一位敏锐而有天赋的记者，就职于《纽约时报》。他的父母都是聋哑人，而他在这两方面都很正常。他学会的第一种语言是美国手语。《纽约时报》曾经派他外驻欧洲好些年。回到美国之后，他的第一个国内任务就是报道加德纳夫妇对华秀做的实验。和黑猩猩在一起待过一段时间后，伦斯伯格在报道中写道："忽然间我意识到我是在用自己的母语和另一个物种的成员交谈。"他所使用的表示"母语"的词组是 native tongue，直译为"自己的舌头"。

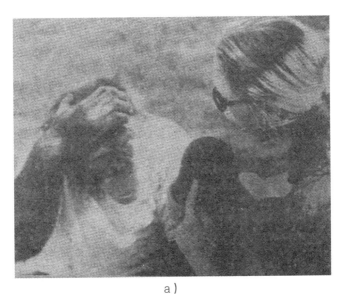

a）

a 图，华秀用美国手语比画"甜"，用以指代一枚棒棒糖。

b）

b 图，华秀用美国手语比画"帽子"，用以指代一顶羊毛帽。

图5-1　黑猩猩华秀与训练员用手语交流

显然舌头这个词在这里是象征性的，表明舌头已经被深刻地纳入语言的结构中。事实上，伦斯伯格用以和其他物种成员交谈的是他自己的"手"。正是通过这种从舌头到手的转变，人类重新获得了据约瑟夫斯说的自从被逐出伊甸园便丢失了的与动物沟通的能力。

除了美国手语，人们还向黑猩猩和其他非人灵长目动物传授了很多其他手势语言。在乔治亚州亚特兰大市的耶基斯地区灵长目研究中心，它们学习了一种被（人类，而不是黑猩猩）称为"耶基斯语"的特殊计算机语言。计算机记录下了研究对象的全部对话，甚至包括夜间人类不在场的时候。在它的帮助下，我们了解到黑猩猩喜欢爵士乐胜于摇滚乐，喜欢关于黑猩猩的电影胜于关于人类的电影。到1976 年 1 月，拉娜已经看了 245 次《黑猩猩的发展解剖学》。毫无疑问，它乐于拥有一个规模更大的影片库。

在图 5-2 中，拉娜在用正确的耶基斯语在计算机中输入它需要香蕉、水、果汁、巧克力糖、音乐、电影，并在计算机中用耶基斯语表达它想打开窗户，它想有个同伴等（计算机上有很多语言能表明拉娜的需求，但不是全部。有时候在半夜，它会孤苦伶仃地敲出"求求你，机器，逗拉娜"）。后来它们还开发出更多精妙的要求和评注，每一个都需要创造性地运用一套语法形式。

拉娜会在计算机显示器上检查自己写下的句子，并擦除其中带有语法错误的句子。有一次，拉娜正在构造一个复杂句子，它的训练员从另一个计算机控制台恶作剧似的不停插入一个词语，令拉娜的句子变得说不通。它凝视着自己的计算机显示器，瞥见训练员坐在他的控制台前，于是，它写下了新的一句话："求你，提姆，离开房间。"正如同可以说华秀和露西会说话，我们也可以说拉娜会书写。

在华秀语言能力发展的早期阶段，雅各布·布鲁诺斯基和一名同事写了一篇科学论文，否认了华秀运用手势语言的重要意义，因为

图 5-2　黑猩猩拉娜在它的计算机前

拉娜头顶的杆必须拉一下才能够启动控制台。果汁、水、香蕉和巧克力糖的发放器在控制台底部附近。

在布鲁诺斯基能够接触到的有限数据中，华秀未曾表达过问询和否认。但是后来的观察表明，华秀和其他黑猩猩完全具备提出问题以及否认加诸它们身上的断言的能力。我们很难看出，黑猩猩对手势语言的运用，以及人类儿童对普通语言的运用之间，有任何显著的质量差异，而后者的运用方式会被我们毫不犹豫地归因于智能。阅读布鲁诺斯基的论文时，我不由得感觉到字里行间隐藏着一丝人类沙文主义，就像是对洛克所谓"野兽没有抽象思维"的呼应。1949 年，美国人类学家莱斯利·怀特明白无误地断言："人类行为是符号化的行为；符号化的行为就是人类行为。"怀特该如何评价华秀、露西和拉娜呢？

　　有关黑猩猩语言和智能的这些发现对于"临界点"论点有着耐人寻味的影响——这一论点主张总脑质量，或者至少脑体质量比，是判断智能的有用指数。作为对这种观点的反驳，有人曾经辩称人类小头畸形患者的脑质量下限低于成年黑猩猩和大猩猩脑质量的上限，然而据说小头畸形患者具备些许运用语言的能力，尽管这种能力有着严重缺陷，而猿类却没有。可是小头畸形患者能够使用人类语言的案例相对很少。俄罗斯医生谢尔盖·柯萨科夫写就的一份小头畸形患者行为描述是这一领域最为完善的文献之一。他在 1893 年观察了一位名叫"玛莎"的女性小头畸形患者。她能够听懂极少的几句问题和命令，偶尔能够回忆自己的童年。她有时候会自言自语，但是说出的内容却几乎全都前言不搭后语。柯萨科夫形容她的话"极度缺乏逻辑关联"。柯萨科夫描述过她的进食行为，以此来证明其智能极度缺乏适应性，类似于自动化机器。当食物放在桌子上时，玛莎会去吃。但是如果在一餐的中间，食物被突然移走，她就会像一餐已经结束似的，感谢管理者并为自己虔诚祈祷。如果食物被送回来，她会再次进食。这种行为模式显然可以无限重复下去。我的个人印象是，若是做进餐同伴的话，露西和华秀会比玛莎有趣得多，而人类小头畸形患者和正常猿类的对比结果与某种智能"临界点"的观点并未矛盾。当然，对于我们能够轻易认可的那种智能而言，神经连接的数量和质量可能都是至关重要的。

对于类人猿新皮层中具有语言中枢——具体而言，就像人类一样，是在左半球——的想法，最近由斯坦福大学医学院的詹姆斯·迪尤森及其同事开展的实验提供了生理学上的一些支持（见图5-3）。他们训练猴子听到嘶嘶声之后按绿灯，听到乐音之后按红灯。听到声音几秒钟之后，红灯或者绿灯会在控制面板上某个不可预知的位置出现——而且每次出现的位置都不一样。猴子按下合适的灯，如果猜对了的话，会被奖励一块食物。随后从听到声音到看到灯的时间间隔扩

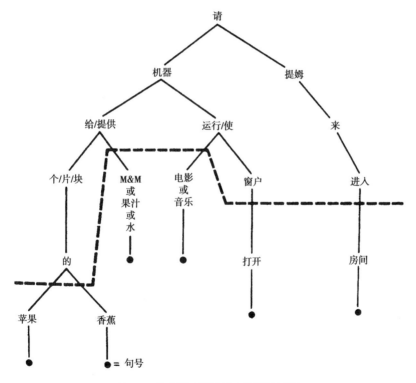

图5-3　构成用于沟通的数个请求的逻辑树

这个系统同时满足了礼貌和语法的要求：请求需以"请"字开头，以句号结尾。

大到了 20 秒。为了得到奖励，猴子现在需要在听到声音 20 秒后把听到的声音回忆起来。之后迪尤森的团队手术切除了左半球新皮层颞叶中的所谓听觉联合皮层。再次实验时，猴子难以回忆起听到的声音。一秒钟不到，它们便已经想不起来是嘶嘶声还是乐音。对右半球颞叶对应部位的切除并未对此项任务造成任何影响。"看起来"，报道中迪尤森这样说，"仿佛我们切除了猴脑中类似人类语言中枢的结构"。对恒河猴进行的类似研究使用了视觉刺激而不是听觉刺激，并未得到新皮层两个半球之间有所区别的证据。

由于人们（至少动物园管理员）通常认为成年黑猩猩过于危险，不适于留在家中或者家庭环境里，华秀和其他掌握了语言能力的黑猩猩在到达青春期之后便很快被迫"退休"了。因此，目前我们对成年猴和猿的语言能力尚无了解。一个最有意思的问题是，掌握了语言的黑猩猩母亲会不会用语言和它的后代交流。这似乎是非常有可能的，而且一个最初具备手势语言能力的黑猩猩社群也有可能会把这种语言传授给后代。

当这种沟通是生存的必备技能时，人们发现了一些证据表明猿会传递非遗传或者文化信息。简·古多尔曾经观察到野外的幼年黑猩猩模仿母亲的行为，学习找到一根合适的细枝并伸到白蚁巢穴里以获取美食这种相当复杂的任务（见图 5-4）。

在黑猩猩、狒狒、恒河猴和很多其他灵长目动物中间，人们都曾称发现了群体之间的行为差别——这很容易被称为文化差异。比如说，可能有一群猴子知道如何吃鸟蛋，而附近一个属于同一物种的群体却不知道。这些灵长目动物能发出几十种声音或者叫喊，用于在群体内部交流，能够表达"快跑，这有一只猎食者"之类的意思。但是不同群体的叫喊声有一定差别，也就是说存在着方言。

图 5-4　一只黑猩猩拿着一根长草茎，用来把白蚁引出巢穴
资料来源：Photograph by Baron Hugo van Lawick. Copyright © National Geographic Society。

　　在日本南部的一座岛上，一些日本灵长目专家在尝试解决一群恒河猴数量过多和饥饿问题时，无意间开展了一项更加令人震惊的实验。人类学家把麦粒扔到沙滩上。由于把麦粒一一从沙粒中挑出来非常困难，这样的努力消耗的能量甚至要高于吃下收集到的麦粒能够获得的能量。然而一只聪明的猴子伊莫，或许是无意间或是出于愤怒，将一把麦粒和沙子的混合物扔到了水里。麦粒浮在水面，沙子沉底，伊莫显然注意到了这个现象。通过一个筛选过程它得以饱食一顿（当然食谱只是湿漉漉的麦粒）。年长的猴子因循守旧，对此不予理睬，但是年轻的猴子似乎领悟到它这一发现的重要性，并开始模仿。在下一代中，这种行为更加广泛了。如今，那个岛上所有的恒河猴都会用水滤食。这是猴群拥有文化传统的一个例证。

　　先前在九州岛东北有恒河猴栖息的高崎山，研究也证明了类似的文化进化模式。去高崎山游玩的访客把用纸包起来的太妃糖扔给猴子——这在日本的动物园里是一个常见行为，但是高崎山的猴子们却从未见过。在玩耍的过程中，一些年轻的猴子发现了如何拆开太妃糖吃掉。这个习惯先后被传给了它们的玩伴、它们的母亲、拥有统治地位的雄猴（在恒河猴群中它们负责照看非常年轻的幼崽），最终传到了与幼年猴子的社会关系最疏远的接近成年雄猴那里。整个文化同化过程耗时三年多。在灵长目动物的天然社群中，现存的非语言沟通已经非常丰富，以至几乎没有什么压力迫使它们发展出一门复杂手势语言。但是如果手势语言成为黑猩猩生存的不可或缺之物，毫无疑问它将成为世代相传的文化。

　　如果所有不能沟通的黑猩猩都要死去或者无法生育，我推测，在仅仅几代内就会实现语言的重大发展和精细化。基础英语大约有1 000个词汇。黑猩猩掌握的词汇量已经超过了这个数字的10%。尽管几年之前听上去还会像是科幻，但在我看来毫无疑问的是，在这种拥有语言的黑猩猩社群中，几代之后大概就会出现以英语或者日语出版的自然历史和某只黑猩猩精神生活的回忆录（说不定在作者栏下面还会注着"根据当事者亲述"）。

如果黑猩猩具有意识，如果它们能够进行抽象思考，它们是否拥有至今仍被称为"人权"的权利？黑猩猩需要有多么聪明才能使对它的杀戮构成谋杀？它还需具备哪些素质才能使传教士认为值得去尝试说服其皈依？

最近我在其主任的陪同下参观了一家大型灵长目动物研究实验室。我们来到了一条长廊，长廊两旁关黑猩猩的笼子一个接一个地排列，像在透视画中那样在远方汇聚成一点。每个笼子里有一到三只黑猩猩，我非常确信这里的住宿条件代表了这类设施（或者还有传统动物园）的典型状况。正当我们靠近最近的笼子时，它的两位住户露出了牙齿，以极高的准确度吐出一道道口水，把主任的薄衬衫全沾湿了。然后它们发出阵阵短促的尖叫，其他笼子里的黑猩猩显然没有看见我们，但也跟着叫了起来。尖叫声伴着撞击和敲打栅栏的声音越来越大，直到整个走廊都跟着震颤起来。主任告诉我，在这种情况下，飞过来的有可能不只是口水，在他的催促下我们撤离了。

我猛然联想到了20世纪30年代和40年代的那些美国电影。在一些规模庞大而缺乏人性的州立或联邦监狱的场景中，犯人们在专制蛮横的典狱长出现时拿餐具击打着栅栏。这些黑猩猩身体健康，饮食良好。如果它们"仅仅"是动物，如果它们是没有抽象思维的野兽，那么我的比较不过是傻乎乎的多愁善感。然而黑猩猩能够进行抽象思考。和其他哺乳动物一样，它们拥有强烈的情感。它们显然没有犯下任何罪行。我并不要求得到答案，但是我觉得显然有必要提出这个问题：到底为什么，在整个文明世界，在几乎每一座大城市里，猿都被关在监牢中？

据我们所知，人类和黑猩猩偶尔能够产生后代的杂交。[1] 至少最近，这种自然实验的开展肯定是非常罕见的。如果这种杂交产生了后代，它们将具有什么样的法律状态？我认为，黑猩猩的认知能力迫使我们提出一个探索性的问题：应当被给予特殊伦理关怀的物种范围的边界在哪里？我还希望这会促使我们把伦理的观点向下扩展到地球上的各种生物门类，向上延伸到地外有机体——如果它们确实存在的话。

———————————

很难想象学习语言对黑猩猩来说有何种情感方面的意义。也许最接近的类比是，智力健全但具有严重感官障碍的人类对语言的发现。没有视觉、听觉和语言能力的海伦·凯勒尽管在理解力、智力和敏感性等方面远超任何黑猩猩，她对自己发现语言过程的叙述却以一定的感性口吻表明了，黑猩猩身上是有可能发生灵长目语言的显著发展的，尤其当语言能够提高生存概率或者得到强化激励时。

有一天凯勒小姐的老师准备带她出去走走：

"她把我的帽子给了我，我便知道我要走到温暖的阳光里。这个想法——如果说没有言辞的感受可以被称为想法的话——让我开心地又蹦又跳。

"我们沿着小路走向井房，路上开满了忍冬花，花香吸引着我们。

———————————

[1] 此前，人们一直认为人类普通体细胞中含有 48 条染色体。现在我们知道正确的数字是 46。显然黑猩猩确实拥有 48 条染色体。在这种情况下，黑猩猩和人类之间能够产生后代的杂交无论如何都是罕见的。

有人正在打水，老师把我的手放在了出水口下面。凉爽的水流淌在我的手上时，她在我另一只手上拼出了水这个单词，一开始很慢，后来速度加快。我安静地站着，全部的精力都集中到她手指的动作上。忽然间我感受到一种模糊的意识，如同回忆起某件已被遗忘的事情。失而复得的思想令我一阵激动，不知怎地我参透了语言的秘密。我当时明白了 W–A–T–E–R 的意思就是流在我手上的凉爽而奇妙之物。这一活生生的词唤醒了我的灵魂，给了它光亮、希望、欢乐，给了它自由！藩篱犹在，这并不假，但是随着时间的推移这藩篱可以被扫平。

"我满怀学习的渴望离开了井房。每一样事物都有一个名字，每一个名字都催生了一个新的想法。当我们回到家里，我接触到的每一个物体似乎都在活生生地颤抖。这是因为我是在用被我领悟到的全新奇特视角看待每样事物。"

也许这三段精美文字中最引人注目的一点，是海伦·凯勒自己感觉到她的脑具备潜在的语言能力，需要的仅仅是引导。正如我们已经看到的，这种本质上属于柏拉图式的思想符合人们通过脑损伤获得的新皮层生理学知识，也符合麻省理工学院的诺姆·乔姆斯基从比较语言学和实验室学习实验中得出的理论结论。近些年人们已经搞清楚，非人类灵长目动物的脑也对语言的引入做好了差不多的准备，只不过可能没有达到相同的程度。

向其他灵长目动物传授语言的长远意义很难被高估。查尔斯·达尔文的《人类的由来》中有一段引人注意的话："人和其他高等动物心智的差别，纵然巨大，却肯定在于程度深浅而非类别有异……如果能够证明某种高级思维能力，比如综合概念的形成、自我意识等，绝对为人类所独有——这听上去极度可疑，那么这些特质仅仅是其他高度发达的智力才能的偶然结果，而且也主要源于对一种完美语言的持续使用，也并非全无可能。"

　　另外一个颇为不同的出处也表达了语言和人类沟通具备不凡威力的观点，那就是《创世纪》中关于巴别塔的叙述。上帝对于全能种族持一种奇怪的防备态度，因为人类企图建造一座通天塔而忧心忡忡。（这一态度类似于亚当吃下苹果之后他所表达的关切。）为了阻止人类至少是在象征意义上到达天堂，上帝并没有像毁掉索多玛城那样毁掉那座塔，而是说："看哪，他们成了一样的人民，都是一样的语言。如今既做起这事来，以后他们所要做的事就没有不成就的了。我们下去，在那里变乱他们的口音，使他们的言语彼此不通（《创世纪》）。"

　　对一种"完美"语言的持续使用……若是共同使用一种复杂的手势语言几百年乃至几千年，黑猩猩会建立什么样的文化和口述传统？如果真有这种孤立而连续的黑猩猩社群，它们会怎样看待语言的起源？加德纳夫妇和耶基斯灵长动物中心的工作人员会不会在隐约的记忆中成为传奇般的民族英雄或者来自其他物种的神灵？会不会有神话传颂着像普罗米修斯、托特或俄安内那样的神明把语言的能力赋予了猿类？事实上，向黑猩猩传授手势语言无疑带有与电影和同名小说《2001：太空漫游》相关（虚构）段落同样的感情色彩和宗教情怀。在那个段落中，一个高级地外文明的代表教导了我们的人形祖先。

　　或许整个话题中最令人震惊的部分是：一些非人类灵长目动物竟然是那么地接近拥有语言能力；它们学习的意愿是那么强烈，一旦被传授了语言之后，在应用中又体现出了那么充分的能力和创造性。但这提出了一个有趣的问题：它们为什么仅仅是接近而已？为什么没有一种非人类灵长目动物能够掌握复杂的手势语言？在我看来，一个可能的答案是人类已经系统性地消灭了其他表现出智能迹象的灵长目动物（这个推断对于大草原上的非人类灵长目动物来说可能尤为准确；

森林肯定对黑猩猩和大猩猩提供了一定的保护，使它们免遭人类的淘汰）。在压制智力竞争这方面，我们或许曾经做过自然选择的代理人。我想我们曾经回推过非人类灵长目动物智能和语言能力的边界，直到它们的智能变得模糊难辨。通过向黑猩猩传授手势语言，我们开始了姗姗来迟的弥补尝试。

第六章
暗淡伊甸园的故事

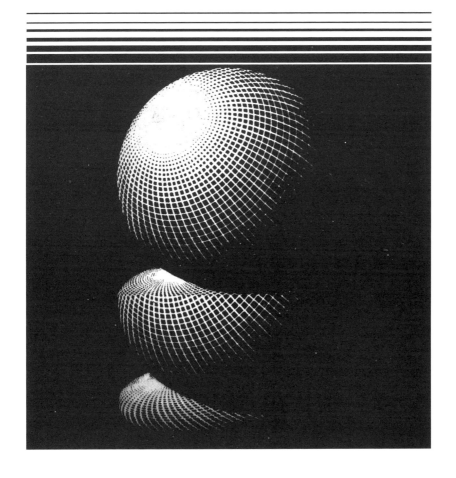

我们人类非常古老。我们的梦境都是曾在幽暗的伊甸园中讲述的故事……

沃尔特·德·拉·马雷

《所有的过去》

"好吧，无论怎样这是个巨大的安慰。"她一边在树下走着一边说，"之前热得进不去——进不去——进不去什么来着？"她继续走着，对自己想不起来那个词感到很惊讶。"我是说在——在——在这个下面，你知道！"她把手放在了树干上。"它称自己为什么，我很好奇？……那么我又是谁？我会想起来的，如果我能想起来！我决心一定要想起来！"然而，下决心并没有太大的作用，她困扰了好久之后，能够说出来的仅仅是："L，我知道第一个字母是L！"

刘易斯·卡洛尔

《爱丽丝镜中奇遇记》

不要挡在恶龙和他的怒火之间。

威廉·莎士比亚

《李尔王》

……最初，我把理性给予了如野兽般无知的人类，赋予了他们精神……

一开始，他们视而不见，听而不闻，但是就如同拥塞在梦中的幽灵，他们日间的故事混乱而复杂。

埃斯库罗斯

《被缚的普罗米修斯》

　　普罗米修斯的故事最容易激起人们义正词严的愤慨。他把文明赋予了糊涂而迷信的人类。为了让他遭受痛苦，宙斯用铁链将他绑在石头上，安排一只秃鹰啄他的肝。在上述引文之后的篇章中，普罗米修斯描述了除火之外，他赠予人类的其他重要礼物。按照顺序，它们分别是：天文学，数学，书写，驯化动物，发明马车、航船和医药，以及发现借助梦境和其他方法的占卜术。最后一个礼物在现代人听来有些怪异。和《创世纪》中人类被逐出伊甸园的记载一样，《被缚的普罗米修斯》似乎是西方文学中又一部准确地隐喻了人类进化的重要作品——尽管它更多地专注于进化的推动者而非被进化者。"普罗米修斯"在希腊语中是"预见"的意思，这种能力被认为位于新皮层中的额叶部位。预见和焦虑在埃斯库罗斯的角色形象中都有所表现。

　　梦与人类的进化有何关联？埃斯库罗斯也许是在说，人类出现之前我们的祖先清醒时的生活状态一如我们梦中的生活，而人类智能发展带来的一个重要好处便是我们拥有了理解梦的本质和重要性的能力。

　　人类意识似乎有三种主要状态：清醒、睡眠和做梦。探测脑波的脑电图仪在这三种状态下会记录到截然不同的脑电活动模式。[1]脑波是脑中电路产生的极小电流和电压的表现。这种脑波信号的典型

---

[1]脑电图仪是由德国心理学家汉斯·伯杰发明的。他在这一方面最根本的兴趣是心灵感应。脑电图仪确实可以用于某种无线电心灵感应：人类拥有随意打开或者关闭特定脑波——比如阿尔法波——的能力，尽管这一招需要接受一点训练。经过这样的训练，一个连接着脑电图仪和无线电发射器的人原则上能够以阿尔法波莫尔斯电码的形式传送相当复杂的信息，而他所要做的仅仅是以正确的方式想这些信息。这种方法可能具有某些实际用途，比如允许因严重中风而不能活动的病人与外界沟通。由于历史的原因，无梦的睡眠在脑电图学上被归类为"慢波睡眠"，而做梦的状态被称为"异相睡眠"。

强度以微伏计，典型的频率在 1~20 赫兹（也就是每秒周期数）——小于北美洲市电为人熟知的每秒 60 周期的频率（见图 6-1）。

但是睡眠有什么好处？毫无疑问，如果我们清醒的时间太长，身体就会产生迫使我们去睡觉的神经化学物质。被剥夺了睡眠的动物在脑脊液中产生这种分子，当它们的脑脊液被注入完全清醒的其他动物，就会诱发它们的睡眠。所以说睡眠必然有一个强有力的原因。

生理学和民间医学对此问题的传统答案是，睡眠具有恢复精神和体力的功效。对身体来说，它是一次远离日常生活需要，对精神和肉体进行清理维护的机会。然而尽管从直观上来讲似乎很有道理，真正支持这一说法的证据却寥寥无几。而且，还有一些方面令这一论点无法让人坦然接受。比如说，动物在睡眠时是格外容易遭受攻击的。即便大多数动物在巢穴、洞穴、树窟或者隐秘难寻之所睡眠，它们在睡着之后仍然是非常无助的。我们在夜晚的脆弱非常明显：希腊人认为睡神墨菲斯和死神塔纳托斯是兄弟。

除非睡眠在生物学上有着某种格外强烈的必要性，自然选择应该会进化出无需睡眠的动物。尽管有些动物——二趾树懒、犰狳、负鼠以及蝙蝠——至少在季节性休眠的状态下每天要睡 19~20 小时，也有一些动物——普通鼩鼱和多尔鼠海豚——据说睡眠非常少。有些人

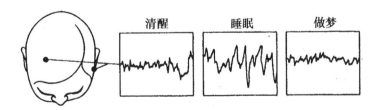

图 6-1　正常人在清醒、睡眠和做梦时的独特 EEG 模式

也可以一晚只睡 1~3 小时。他们有第 2 份甚至第 3 份工作，当伴侣在夜间已经精疲力竭时，他们还在四处闲逛。除此之外，他们的生活似乎充实而警觉，充满了建设性。家族史表明，这种素质具有遗传性。在一个例子中，一名男子和他的女儿都受着这种福分或者诅咒的困扰，而他的妻子则被弄得虚弱而惊愕，因这种新奇的不相容而和他离了婚。他保住了孩子的抚养权。这样的例子说明睡眠的恢复功能假说至少无法解释全部问题。

　　然而睡眠非常古老。从脑电图学的意义上来说，除我们之外所有的灵长目和几乎所有的其他哺乳动物和鸟类都会睡眠。爬行动物可能也会睡眠。通过以每秒几个周期（几赫兹）的频率对深埋颞叶下方的杏仁核进行自发性电刺激，就能在一些人身上诱发颞叶癫痫以及与之相伴的无意识自主行为。与睡眠区别不大的癫痫发作曾经见诸报告，当时一位癫痫患者在日出或者日落时驾驶一辆汽车，在他和太阳之间有一道尖桩栅栏。在特定的速度下，栅栏刚好以危险的频率遮挡太阳，形成了能够引起这种癫痫发作的闪烁。人们知道，昼夜节律——也就是生理功能的每日循环——至少可以追溯到像软体动物这样低等的生物。正如下文将要描述的，既然对颞叶下方的边缘系统区域进行电刺激能够诱发在某些方面很像做梦的状态，产生睡眠和梦境的中枢在脑中的位置也许并不算远。

　　最近有些证据表明，根据生活方式的不同，动物有两种睡眠：有梦和无梦。耶鲁大学的特鲁特·阿里森和多米尼克·契凯迪发现，从统计上来讲，猎食者比猎物更有可能做梦，猎物则更有可能经历无梦的睡眠。这些研究都是针对哺乳动物的，仅仅适用于种间差异而非种内差异。在有梦睡眠中，动物陷入了静止，对外界刺激明显失去了反应。无梦睡眠要浅得多，我们都曾经见过猫或狗在看似迅速入睡之后，因为声响而支起耳朵。人们通常也认为当睡着的狗四肢做出奔跑的动作时，它是梦到了捕猎。深刻的有梦睡眠在今天的猎物中比较罕见这一事实显然是自然选择的结果。但是今天基本上属于被捕食者的有机体或许有着猎食者祖先，反之亦然。此外，猎食者的绝对颅容量和脑体质量比通常高于它们的猎物。在睡眠经过了高度发展的今天，愚蠢的动物比聪明的动物更少地陷入无法行动的深睡眠是合乎情理的。但是它们到底为什么要深睡眠呢？这种无法活动的深睡眠状态究竟为什么会被进化出来呢？

关于睡眠的原始功能，或许如下事实是一条有用的线索：海豚、鲸以及其他海洋哺乳动物总体上睡眠非常少。海洋中基本上没有藏身之处。睡眠会不会并未提高动物受到攻击的危险，而是起到了降低这种危险的作用呢？佛罗里达大学的怀尔斯·韦伯和伦敦大学的雷·麦迪斯认为这种说法才是实情。每种有机体的睡眠模式都精确地适应其所处的生态环境。可以想象，愚蠢得不会主动保持安静的动物也会在高度危险的时期，在睡眠那不可动摇的威力下陷入静止。在年幼的猎食动物身上，这种观点显得尤其明显：幼虎不仅身披着极为有效的保护色，睡眠时间也特别长。这个想法很有趣，而且可能至少是部分正确的。它解释不了所有的问题。几乎没有天敌的狮子为什么要睡觉呢？这个问题并不是一个颇具破坏性的反对意见，因为狮子或许是从某种并非百兽之王的动物进化而来的。与此类似，基本上无所畏惧的成年大猩猩总在夜晚筑巢，大概也是因为它们源自更加羸弱的被捕食者。也有可能狮子和大猩猩的祖先曾经惧怕过更加可畏的猎食者。

考虑到哺乳动物的进化，静止假说显得格外有道理。哺乳动物出现的时代，统治者是气息嘶嘶、吼声如雷，总而言之有如噩梦般可怕的爬行动物。但是几乎所有的爬行动物都是冷血的[1]，除了在热带地区，它们在夜间都不得不静止不动。哺乳动物是温血的，夜间也能活动。在大约两亿年前的三叠纪，非热带地区的夜间生态龛位很可能几乎没被占据。事实上，哈利·杰里森曾经提出，与哺乳动物的进化相伴的，是听觉、嗅觉，以及在夜间感知距离和物体的感觉的发展。这些感觉在当时而言极为复杂，但在今天看来已是稀松平常。边缘系统则是出于处理这些新的复杂感官带来的大量数据的需要而得到了进化。（爬行动物相当一部分视觉信息的处理是在视网膜而不是脑中完成的。新皮层中的视觉处理机构基本上是一个比较新的进化进展。）

对于早期的哺乳动物来说，在爬行动物猎食者主宰的白天保持静止、隐匿身形或许是很关键的。我所描绘的是一幅中生代晚期的图景，其中哺乳动物在白天断断续续地入睡，爬行动物则在夜间睡眠。但是到了夜晚，对于因寒冷而动弹不得的爬行动物，尤其是对于它们的卵，哪怕弱小的食肉类原始哺乳动物也一定会造成实实在在的威胁。

根据它们的颅容量判断（见图2-3），恐龙相对于哺乳动物而言相当愚蠢。举几个"众所周知"的例子，暴龙的颅容量约为200毫升；腕龙的颅容量约为150毫升；三角龙的颅容量约为70毫升；梁龙的颅容量约为50毫升；剑龙的颅容量约为30毫升。没有一种恐龙的绝对颅容量接近黑猩猩。重达两吨的剑龙大概比兔子还要愚蠢得多。考虑到恐龙巨大的体重之后，它们的脑渺小得更加令人侧目：暴龙重8吨；梁龙重12吨；腕龙重87吨。腕龙的脑体质量比是人类的万分之一。正如同鲨鱼是脑体质量比最大的鱼，诸如暴龙等食肉恐龙的相对颅容量也要大于梁龙和腕龙等食草恐龙。我敢肯定暴龙曾经是高效而

---

[1]哈佛大学的古生物学家罗伯特·巴克认为至少某些恐龙明显是温血的。尽管如此，很有可能它们对昼夜温差仍旧比哺乳动物敏感，而且在夜间动作也变得迟缓。

可怕的杀戮机器。但是尽管拥有令人敬畏的外貌，恐龙在专注而聪明的对手——比如早期哺乳动物——面前还是显得很脆弱。

我们的中生代场景具有一种嗜血的奇异特点，食肉爬行动物在白天捕食睡眠中的聪明哺乳动物，而食肉哺乳动物在夜间捕食无法动弹的愚蠢爬行动物。尽管爬行动物会掩埋它们的卵，它们却不大可能真正保护卵或者幼崽（见图6-2）。哪怕在当代的爬行动物中也鲜见这种行为的记录，很难想象暴龙会孵化一窝卵（见图6-3）。由于这

图6-2　在蒙古国白垩纪地层中发现的一窝原角龙蛋
资料来源：Courtesy of The American Museum of Natural History。

图 6-3 原角龙幼崽破壳而出时的情景再现

资料来源：Courtesy of The American Museum of Natural History。

些原因，哺乳动物最终赢得了这场原始的嗜血之战。至少部分古生物学家认为早期哺乳动物夜间对爬行动物卵的偷窃加速了恐龙的灭绝。这种古代哺乳动物食谱大概只剩下了早餐里的两颗鸡蛋[1]——至少表面看来是这样的。

　　根据脑体质量比判断，最聪明的恐龙是蜥鸟龙。它们的脑质量通常约有 50 克，身体质量大约为 50 千克，这使它们在图 2-3 中被排到了接近鸵鸟的位置。实际上它们的样子很像鸵鸟。检查它们的化石颅腔模型或许能够带来很多发现。它们可能猎捕小动物为食，并且利用手一样的四趾附肢完成很多不同的任务（见图 6-4）。

_____

[1] 实际上，我们几乎可以肯定，鸟类是恐龙主要的现存后裔。

图 6-4 一种小型的智慧恐龙蜥鸟龙正在捕捉哺乳动物
从加拿大到蒙古国的白垩纪地层中都能找到这种恐龙的遗迹。

　　这种野兽想来十分有趣。如果恐龙没有在大约 6 500 万年前神秘灭绝，蜥鸟龙会不会继续进化成日益聪明的生物？它们会不会学会协作猎食大型动物，并由此阻止中生代结束之后哺乳动物的大增殖？如果恐龙没有灭绝，如今会不会是蜥鸟龙的后代成了地球的主宰，书写并阅读着书籍，思考着如果哺乳动物占据了优势会怎样？这些主宰会不会认为 8 进制是自然而然的，而 10 进制仅仅是在"新数学"中才会讲授的花边知识呢？

　　地球过去几千万年间的历史中，很多我们认为重要的事情看来都与恐龙的灭绝息息相关。试图解释这一灭绝事件的科学假说多达数十种。无论是陆地还是水生的恐龙，这次灭绝都显得相当迅速而彻底（见图6-5）。目前提出的所有解释似乎都不能完全令人满意。这些解释涵盖了从气候剧变到哺乳动物猎食到具有通便功效的植物灭绝造成恐龙死于便秘等方方面面。

最有趣也最有可能的假说之一是莫斯科苏联科学院宇宙研究所的约瑟夫·什克洛夫斯基提出的。他认为恐龙死于附近的一次超新星爆发事件——几十光年以外一颗死亡恒星的爆炸，造成大量高能带电粒子闯进我们的大气层，改变了它的性质，而且还有可能破坏了臭氧层，从而令致命剂量的太阳紫外线辐射得以进入。当时的哺乳动物等夜行动物以及鱼类等深海动物可以逃过这种增强的紫外线辐射，但是生活在陆地和浅水中的昼行动物则首先被消灭。这样的灾难有一个合适的名字——一个意为"坏星"的词。

如果真的发生过这一系列事件，那么地球过去6500万年间的主

图6-5　白垩纪时期加拿大西部一片沼泽区域的地貌假想图
图中大部分恐龙都是双足站立的食草恐龙。就我们所知，它们在不久之后便全部灭绝了。

要生物进化过程，乃至人类的存在，都源于一颗遥远太阳的死亡。或许那颗恒星也曾有行星环绕，或许那些行星当中也有一颗享受过几十亿年繁盛而曲折的生物进化。超新星爆发肯定消灭了那颗行星上的所有生命，甚至可能将它的大气层轰入了太空。我们自身的存在真的是归功于其他地方一次毁灭了生物圈和世界的巨大恒星灾难吗？

　　恐龙灭绝之后，哺乳动物进入了日间生态龛位。灵长目动物对黑暗的恐惧可能是一次相对较新的进化进展。沃什伯恩曾经报告称狒狒婴儿和其他幼年灵长目动物只有三种天生的恐惧——跌落、蛇与黑暗。这对应了三种危险：树栖动物需要应对的重力、我们的古代敌人——爬行动物，以及夜行哺乳动物猎食者。对于以视觉定向的灵长目动物来讲，后者肯定尤为可怕。

　　如果嗜血假说是正确的——其实它最多只是个有希望的假设——睡眠是一种深深植根于哺乳动物脑中的功能。从最早的哺乳动物时代开始，睡眠对生存起到了根本性的作用。对于原始哺乳动物来说，无眠的夜晚要比无性的夜晚对种群的生存构成更大的危险，因此睡眠应该是一个比性更加强大的驱动力——至少对我们大多数人来说，这应该是事实。但是哺乳动物的进化最终抵达了这样一个时机：睡眠行为可以因环境的变化而得到修正。随着恐龙的灭绝，白天突然变成了一种对哺乳动物有利的环境。日间的静止不动不再是必需，很多种睡眠模式慢慢发展出来，包括当代哺乳动物猎食者们缤纷的梦境，以及哺乳动物猎物们更加警醒的无梦睡眠。那些一晚上只需要睡几个小时的人说不定预示着人类一种新的适应，这种适应使我们能够充分利用一昼夜的 24 小时。我是不会讳言自己羡慕这种适应的。

这些关于哺乳动物起源的猜想构成了一种科学神话：它们可能含有真理的成分，但是不大可能完全正确。科学神话与更加古老的神话有所联系可能是巧合，也可能不是。我们有能力创造科学神话，完全有可能只是因为我们之前听说过另外一种神话。不管怎样，我无法不把这种对哺乳动物起源的解释和《创世纪》中人类被逐出伊甸园的神话的另一个奇妙特点联系起来。因为在那个神话中，是一只爬行动物向亚当和夏娃提供了辨识善恶的知识之果——这正是新皮层的抽象与道德功能。

现在地球上仍旧存在着一些大型爬行动物，其中最引人注目的是印度尼西亚的科莫多巨蜥。这种猎食者冷血，脑子不太灵光，却能表现出令人胆战心寒的坚定意志。它拥有极大的耐心，能够悄然接近一头睡着的鹿或者野猪，突然向猎物的一只后腿咬一口，然后跟在后面等到猎物失血而亡。捕猎中的科莫多巨蜥是通过气味追踪猎物的。它低着头，迈着笨重的步伐大摇大摆地前行，叉形的舌头在地面扫来扫去寻找化学痕迹。最大的成年巨蜥重约 135 千克，体长 3 米，寿命可能超过百年。为了保护自己的卵，它们挖掘 2 米乃至 9 米深的壕沟——这大概是为了防御食卵的哺乳动物（以及它们自己：人们了解到成年巨蜥偶尔会潜伏在巢穴旁边，等待刚刚孵化的幼崽冒出头来为午餐提供一点美味）。作为对猎食者的另一种明显的适应，刚刚孵化的科莫多巨蜥生活在树林里（见图 6-6）。

这些无比精妙的适应性明显地证明了科莫多巨蜥在地球上的困

图6-6　印度尼西亚科莫多岛上的科莫多巨蜥，学名 *Varanus komodoensis*
资料来源：Courtesy of The American Museum of Natural History。

境。野外的巨蜥仅仅生活在小巽他群岛，大概只剩下了2 000只。[1]
它们分布地点的偏僻直接地暗示出，科莫多巨蜥的濒临灭绝是由于哺
乳动物——主要是人类的捕猎，这是从它们过去两个世纪的历史中得
出的结论。所有适应性没有这么极端或者栖息地没有这么偏远的巨蜥
都死去了。我甚至怀疑，哺乳动物和爬行动物之间脑体质量比系统性

[1] 大巽他群岛——更确切地说是爪哇岛——正是1891年欧仁·杜布瓦发现第一个直立
人的地方。他发现的直立人的颅容量差不多有1 000毫升。

差距（见图 2–3）是不是哺乳动物对较聪明的爬行动物系统性消灭的结果。不管怎样，很可能大型爬行动物的数量自从中生代末期就在稳步下降，甚至一两千年前它们的数量也比现在多。

　　飞龙神话在很多文化民间传说中的普遍存在也许并非偶然。[1]人和龙无法消弭的双向敌意在西方是最严重的，一个典型的例子便是圣乔治屠龙的神话（见图 6–7）（在《创世纪》的第 3 章，上帝在爬行动物和人类之间安排了永恒的敌意）。但这并不是西方特有的，而是一种全世界普遍存在的现象。人们平常要求安静或者吸引注意的

图 6-7　多那太罗雕刻于佛罗伦萨圣弥额尔教堂的圣乔治屠龙

资料来源：Photo Alinari。

---

[1] 有意思的是，1929 年末，裴文中正是在中国新疆一个叫作龙山的地方发现了北京人的第一块代表性的头盖骨。这种直立人的遗址中明显看得出用火的痕迹。（此条目原文疑误，裴文中发现北京人第一块头盖骨是在 1929 年 12 月 29 日于北京周口店遗址。——编者注）

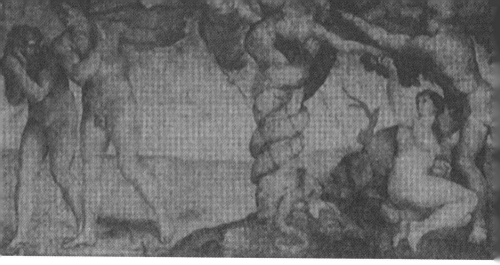

图 6-8　人头蛇的诱惑和逐出伊甸园
米开朗基罗绘于西斯廷教堂房顶。

声音听上去像是对爬行动物嘶嘶气息的奇怪模仿，这难道仅仅是巧合吗？有没有可能几百万年前巨龙对我们的原始人先祖来说是个问题，它们引起的恐怖以及造成的死亡促进了人类智能的进化？或者说有关蛇的隐喻指的是在新皮层的进一步进化中对我们脑中负责进攻性与仪式性的爬虫部分的利用？除了一个例外，《创世纪》中有关爬行动物在伊甸园中诱惑人类的描述是《圣经》中唯一表现人类理解动物语言的地方。我们惧怕飞龙的时候，是不是真正惧怕的乃是我们自己的一部分？不管怎么说，伊甸园里有过飞龙（见图 6-8）。

　　最晚的恐龙化石的年代被确定为大约 6 000 万年前。人科（而不是人属）出现于约一亿年前。会不会真的曾有人形的生物与暴龙不期而遇？会不会有恐龙逃过了白垩纪晚期的灭绝？孩童学会说话不久就会普遍出现的关于"怪物"的梦境和恐惧，会不会是像狒狒那样对爬行动物和猫头鹰的适应性反应的进化残余？[1]

――――――――――

　　[1]在撰写本书的过程中，我发现达尔文也曾表达过类似的想法："我们难道不可以怀疑，孩童那些模糊却又非常真切，但又与真实经验几无关联的恐惧，其实是蛮荒古代流传下来的，对真实危险和卑贱迷信的感受？它非常符合我们所了解的那些曾经发展完善的特征的转变，也就是说出现在生命的早期阶段，之后消失。"——比如人类胚胎的鳃裂。

　　梦在今天又有些什么功能？一篇颇有声誉的论文表达了这样的观点：梦的功能是让我们不时醒来片刻，看看有没有东西要来吃掉我们。但是梦在通常的睡眠中只占据了相对很小的一部分时间，这使得这个解释显得不那么有说服力。何况正如我们已经看到的，证据指向了另一个方向：如今以充满梦境的睡眠为特点的，是哺乳动物猎食者而不是猎物。一个基于计算机科学的解释更加受欢迎：梦是潜意识处理白天经验时出现的溢出，是脑在判断哪些暂存于缓存中的日间事件需要转入长期记忆时形成的。头一天的事件经常进入我的梦境，两天之前的事件便少得多。然而缓存清理模型似乎也不是真相的全部，因为它解释不了梦的象征性语言所特有的那种闪烁其词——这个特点最早是由弗洛伊德提出的。它也解释不了梦强大的情感力量。我相信很多人都曾经在梦中遭受过远甚于任何清醒时体验的惊吓。

　　梦的缓存释放和记忆存储功能在社会学方面能够带来一些有趣的启发。塔夫茨大学的美国精神病学家欧内斯特·哈特曼提出过一个听起来好似趣闻轶事但相当有说服力的证据，证明在白天从事智力活动尤其是不熟悉的智力活动的人在夜间需要更多睡眠，而从事重复性较强但在智力方面缺乏挑战性任务的人总体上需要的睡眠少一些。然而，出于组织方面的便利以及其他一些原因，现代社会的构建方式却仿佛所有人都有着一模一样的睡眠需求，而且在世界的很多地区，早起是一种符合道德要求的行为。于是缓存释放所需要的睡眠时间依赖于我们自上一次睡眠结束之后有过多少思考和精力（没有证据表明因果关系与此相反：不曾有报告称服用了镇静剂的人能够在清醒的时间段里完成不同寻常的智力成就）。就这方面来说，如果能够检查一下睡眠需求很少的人，确认他们用于做梦的时间段是否长于睡眠需求普通的人，以及如果他们清醒时学习精力的质量有所增加，睡眠及做梦时间是否随之延长，将是一件挺有意思的事情。

里昂大学的法国神经学家米歇尔·朱维特发现梦是在脑桥被触发的。脑桥虽然位于后脑，但是出现得较晚，本质上是属于哺乳动物的进化产物。另一方面，彭菲尔德发现如果对新皮层和边缘系统中颞叶的深处和下方进行电刺激，可以令癫痫患者进入一种清醒状态，而这种清醒状态很像是褪去了象征与幻想色彩的梦境。这种刺激还能够引发似曾相识的体验。很多梦中的情感，包括恐惧，也都可以通过这种电刺激引发。

我做过一个令我永远无法释怀的梦。在梦中我无所事事地翻看一本厚厚的历史书。我能从插图上看出来，正如同这类文本的惯常方式，那部作品的笔触缓缓地经过了一个又一个世纪：古典时代、中世纪、文艺复兴等，最终到达了现代。可是到了第二次世界大战，后面还有两百多页。带着越来越强烈的激动心情，我继续翻阅，直到确信已经超越了我自己的时代。这是一本包括未来的历史书——就像翻过宇宙日历的 12 月 31 日之后，发现还有一张内容详尽的 1 月 1 日。我屏住气息，试图读出描写未来的文字，但是做不到。我一个单词都辨认不出。我甚至能够看清楚每个字母的衬线，但无法将字母连接成词，把词连接成句。我失读了。

或许这只是未来不可预知的一个隐喻。但是不能阅读是我恒久不变的一个梦境体验。比方说，我能够通过颜色和八角形的形状识别出停止标记，但是我读不出 STOP（停止）这个词，尽管我知道它就在那里。我拥有理解一页打印稿的印象，却并非通过逐字逐句地阅读。在梦中我无法执行哪怕简单的算术运算。我搞混了好多相互之间并没有什么象征性联系的单词，比如舒曼和舒伯特。我稍有失语，完全失读。并非每一个我认识的人在梦中都有同样的认知障碍，但是人们往往还是有些障碍的（另外说一句：天生目盲者的梦境只有声音，没有图像）。新皮层在做梦时绝非完全关闭，但显然遭受了重大的功能失常。

哺乳动物和鸟类似乎都做梦，但它们的共同祖先爬行动物却不会，这显然是个值得一提的事实。梦伴随着爬行动物之后的重要进化，而且有可能是必不可少的。鸟的睡眠断断续续，时间短暂，从脑电图学的角度来说比较独特。如果它们做梦的话，它们的梦每次也仅仅延续大约一秒钟。但是从进化的意义上来说，鸟类比哺乳动物更加接近爬行动物。如果我们仅仅了解哺乳动物，那么这个论点便有些靠不住，但是当两个源自爬行动物的重要分类群都发现自己不得不做梦，我们就必须严肃对待这个巧合了。为什么源自爬行动物的动物必须做梦而其他动物则不必？这会不会是因为爬虫脑仍旧存在并且起作用？

我们做梦时猛然醒悟，告诉自己"这只是一个梦"的情况是极为罕见的。基本上我们都把梦境当成现实。对于梦的内在连贯性并没有必须依从的规则。梦境的世界充满了魔法和意识、激情和愤怒，却鲜见怀疑和理性。在三重脑的隐喻中，梦在某种程度上是爬虫脑和边缘系统的功能，却与新皮层理智的部分无关。

实验表明，当夜幕越来越深，我们的梦采用的材料愈发久远，可一直追溯到童年和婴儿时期。与此同时，梦的原始过程和情感内容也会增加。相对于刚刚入睡时，我们在醒来之前更容易梦见摇篮中的激情。看起来，把一天的经历整合进我们的记忆中，锻造新的神经连接，是一件要么比较简单要么比较紧急的任务。随着夜越来越深，当这项功能完成，更加动人的梦境、更加奇怪的材料，以及随之而来的恐惧、渴望和其他强烈情感便都出现了。在万籁俱静的深夜，当每日必需的梦都已经做完，瞪羚和龙开始苏醒。

研究梦境最重要的工具之一是斯坦福大学的精神病学家威廉·迪

蒙特开发的。他的心智完全健全，但是作为一名从事这个专业的人士，他意为"疯子"的姓氏却显得极为有趣。做梦的状态伴随着快速眼动（REM）和某种特定的脑波模式。前者可用睡觉时轻覆于眼皮上的电极带探测到，后者则会体现在脑电波上。迪蒙特发现每个人每晚都要做梦很多次。在快速眼动睡眠阶段醒过来的人往往能记住自己做的梦。利用快速眼动睡眠和脑电波这两大标准，他发现哪怕自称从不做梦的人做的梦也和其他人一样多，而且如果在合适的时间被叫醒，他们会带着些许惊讶承认做了梦。做梦时我们的脑处于一种独特的生理状态，而且我们做梦还是相当多的。尽管在快速眼动睡眠阶段被叫醒的受试对象中有约 20% 不记得做的梦，而在非快速眼动睡眠阶段醒来的受试对象中有约 10% 报告自己做了梦，为了方便起见，我们还是要把快速眼动睡眠以及与之相伴的脑电波模式当作做梦的标志。

　　有证据表明梦是必需的。当人或者其他动物被剥夺了快速眼动睡眠（特征性的快速眼动睡眠以及脑电波上标志着做梦的脑波模式刚一出现便立刻被叫醒），一夜当中开始做梦的次数便会增加。在严重的例子中，受试者开始在白天出现幻觉，也就是白日梦。我曾经提到过，做梦时特有的快速眼动睡眠和脑电波模式在鸟类身上很短暂，在爬行动物身上更是根本不存在。看来梦主要是哺乳动物的一项功能。而且，人类在刚出生时有梦的睡眠格外多。亚里士多德曾经断然宣称婴儿根本不做梦。恰恰相反，我们发现他们可能大多数时间都在做梦。足月的新生儿睡眠时间的一多半处于快速眼动睡眠阶段。早产几个星期的新生儿做梦的时间占据了整个睡眠时间的 3/4 甚至更多。子宫里的胎儿可能每时每刻都在做梦（事实上根据观察，新生的小猫整个睡眠都处于快速眼动睡眠阶段）。综上所述，梦是哺乳动物进化过程中一项早期而基本的功能。

婴儿期和梦之间还有另外一项联系：二者之后都伴随着遗忘。不管是走出了婴儿期还是大梦初醒，我们都很难再回想起之前的经历。我认为，在这两种情况下，负责分析性回忆的新皮层左半球都不具备有效的功能。另外一种解释是，在梦中和童年早期阶段我们都经历了一种创伤性遗忘症：那些经历痛苦得无法记住。但是我们忘掉的很多梦境都很愉快，而且很难相信婴儿期有那么难过。此外有一些儿童似乎能够记起极早的经验。记住一岁晚期事件的现象并非极端罕见，而且可能还有回忆起更早事件的例子。我儿子尼古拉斯三岁的时候，有人问他能记起来的最早的事情是什么。他凝视着不太远的地方，压低了声音说："红红的，我很冷。"他是剖腹产出生的。虽然可能性很小，但我仍旧怀疑这会不会是对出生的真实记忆。

不管怎样，我认为更有可能的是，对童年和梦境的遗忘都源自这样一个事实：在这两种状态下，我们的精神生活几乎完全由爬虫脑、边缘系统和皮层右半球决定。在童年最早期，新皮层发育不完全；在遗忘症患者身上，新皮层遭到了损伤。

快速眼动睡眠与阴茎或者阴蒂的勃起之间有着显著的相关性，哪怕梦的内容中并没有明显的性特征。在灵长目动物中，这种勃起与性（当然！）、进攻性和社会等级结构的维持有关。我认为当我们做梦时，自我的一部分所从事的行为十分类似于我在保罗·麦克莱恩的实验室里看到的松鼠猴。爬虫脑在人的梦中起着作用：龙的吐息与嘶吼犹在耳畔，恐龙依然在咆哮。

验证科学思想价值的绝佳手段之一是对其推论的检验。根据支离破碎的证据，人们提出一条理论，然后开展试验，理论的提出者并不知道试验结果如何。如果试验证实了最初的想法，通常被认为是对理论的有力支持。弗洛伊德认为，我们主过程情感和梦的材料的绝大部分，甚或是全部，都是源于性欲。性欲在种族繁衍中起到的绝对关键性作用决定了，这个想法虽有悖于维多利亚时代很多弗洛伊德同代人的认识，但它其实既不愚蠢也不淫邪。比如卡尔·古斯塔夫·荣格认为弗洛伊德严重高估了性在潜意识活动中的首要地位。但是如今3/4个世纪过去了，迪蒙特和其他心理学家实验室里的实验似乎支持了弗洛伊德的理论。我觉得必须是非常坚定的清教主义者才能否认阴茎或阴蒂勃起与性之间的关联。这似乎能够得出推论：性和梦并非偶然相关，而是具有深刻而基础性的关联——尽管梦中当然也有仪式性、进攻性和等级性的材料。尤其当我们考虑到19世纪晚期维也纳社会的性压抑状态，弗洛伊德的很多深刻见解不仅正确，更是来之不易而且勇气可嘉的。

人们已经对梦最常见的类别进行过统计学研究——至少在一定程度上，这些研究应该能够就梦的本质给人们带来启发。在一项对大学生梦境的调查中，5种最常见的类型按照顺序分别是：①跌落；②被追逐或者被攻击；③一遍遍徒劳无功地执行某项任务；④各种学术学习体验；⑤形形色色的性体验。列表中的第④项应该是源于取样群体的特殊与专门关注。其他几项尽管在大学生的生活中确实会不时发生，但它们也适用于普通大众，甚至包括并非学生的人士。

对坠落的恐惧显然与我们的树栖起源有关，而且这种恐惧显然为我们与其他灵长目动物所共有。如果你生活在树上，最容易的死法便是忘记跌落的危险。其他三种最常见的梦境类型格外有趣，因为它们对应了攻击性、等级性、仪式性和性方面的功能——这都属于爬虫脑的领域。另一项令人兴奋的统计数据表明，接受询问的人当中几乎有一半报告称曾经梦见过蛇，这是非人动物中唯一一种在20类最常见梦境中自成一类的。当然，可能很多与蛇有关的梦都有着直截了当的弗洛伊德式的解读。不过 2/3 的受访者报告称做过明显与性有关的梦。既然根据沃什伯恩的说法，年幼的灵长目动物无须传授就能表现出对蛇的恐惧，上述调查结果很容易令人生疑，梦的世界会不会直接或间接地反映了爬行动物和哺乳动物之间古老的敌对。

————————————

　　在我看来，有一个假说与前述所有事实相符：边缘系统的进化带来了看待世界的全新方式。早期哺乳动物依赖智能、白天的低调和对幼崽的投入得以生存。通过爬虫脑感知到的是一个相当不同的世界。因为脑的进化具有累积性，爬虫脑的功能可以被利用或者部分地绕过，但不会被忽略。因此，在相当于人脑中颞叶部位的下方，发展出一个抑制中枢来关闭爬虫脑的大部分功能，而在脑桥进化出一个激活中枢来开启爬虫脑，不过这种开启是在睡眠过程中以无害的方式进行的。当然这一观点与弗洛伊德关于本我被超我压制（或者说潜意识被意识压制）的构想有一些值得注意的相似之处。在弗洛伊德的构想中，对本我的压制最清晰地体现在口误、自由联想、做梦等情况下，也就是超我的压制偶有放松之时。

　　随着高级哺乳动物和灵长目动物新皮层的大规模发展，一些新皮层的功能开始出现在梦境中——毕竟符号语言也是语言（这与新皮层两个半球的不同功能有关，我们将在下一章探讨）。但是梦的想象带有明显的性、攻击性、等级性和仪式性元素。梦中的幻想材料可能与做梦时直接感官刺激的几近缺失有关。在做梦的状态下几乎没有对真实性的检验。从这个观点来看，婴儿世界里无处不在的梦境是因为，新皮层负责分析的部分在婴儿期还几乎不起作用。爬行动物不做梦是因为它们根本没有对做梦状态的压制。它们就像埃斯库罗斯对我们祖先的描述，在清醒状态下"做梦"。我认为这个想法可以解释梦境的怪诞——也就是它与我们清醒的语言意识的区别，以及梦在哺乳动物和人类新皮层中的位置、梦的生理学特点，还有人类普遍做梦的现象。

我们是爬行动物和哺乳动物的后代。在白天对爬虫脑的压制以及夜晚猛龙出没的睡梦中，我们每个人可能都在重现爬行动物和哺乳动物之间亿万年的冲突。只不过双方交换了嗜血捕猎的时间而已。

人类表现出了足够多的爬行动物行为。如果我们完全控制了自身天性中爬行动物的方面，我们的生存潜能显然就会降低。因为爬虫脑那么紧密地交织在脑结构当中，它的功能不可能长期被完全避开。或许梦境令爬虫脑得以时常运转——在我们的幻想中、在它本身的现实中，就如同它仍旧大权在握。

如果这是真的，我和埃斯库罗斯一样，也要疑心其他哺乳动物的清醒状态是不是非常像人类做梦的状态——就像我们能够识别信号，比如流水的感觉和忍冬花的香味，但是言词之类的符号系统却拥有得极为有限；就像我们能够体会到生动的感官和情感图像以及活跃的直觉理解，理性分析却极少；就像我们无法执行需要精力高度集中的任务；就像我们的注意力仅能维持很短的时间，总是被分心，以及最关键的：我们的个人或自我感飘忽不定，让位给了一种无处不在的宿命感，一种被无法控制的事件以无法预知的方式推来搡去的感觉。如果这是我们祖先的状态，那么我们的进化之路已经走得很远。

第七章
情人与疯子

情人和疯子都有着激昂的思维和成型的幻想，远非冷静的理性所能够领悟。疯子、情人和诗人都是想象的产物……

威廉·莎士比亚

《仲夏夜之梦》

纯粹的诗人和纯粹的酒鬼一样醉醺醺，他们生活在没有间断的迷雾中，无法清楚地看到或判断任何事情。

一个人应当通晓数门学科，应当拥有一颗理性的、哲学的，以及某种程度上数学的头脑，才能够成为一名彻底而优秀的诗人……

约翰·德莱顿

《对摩洛哥皇后的评注和观察》，1674 年

　　猎犬靠气味追踪的能力广受称颂。人们向它们提供一种"痕迹"，比如目标、丢失的孩子或逃犯的衣服残片，它们就会一边叫着，一边欢快而准确地沿着踪迹雀跃而行。犬科动物和其他猎食动物这方面的本领都发展到了极为完善的程度。原始的痕迹包含一种嗅觉线索，一种气味。气味不过是对某种特定分子的感知——在这个例子中，是一种有机分子。猎犬要想追踪，必须能够感受到气味——也就是身体散发的特定分子的不同，能够把目标从其他分子构成的扑朔而嘈杂的背景中找出来，能够排除同路的人类（包括追踪行动的组织者）和其他动物（包括猎犬自己）的干扰。人类行走时释放的分子数量相对较少。然而即便在一条相当"冷"的踪迹中——比如目标失踪后几个小时——猎犬仍然能够成功追踪。这种了不起的本领要求具有极为敏感的嗅觉探测能力，我们之前已经看到，甚至昆虫也能很好地执行这项功能。但是猎犬最引人注目也最有别于昆虫的一点是其丰富的辨别能力，是在其他气味构成的繁杂背景中区分出多种不同气味的天资。猎犬所做的是对分子结构进行复杂分类，从大量先前闻到过的其他分子中分辨出一种新的分子。而且，猎犬仅仅需要一分钟甚至更短时间就能够熟悉闻到的气味，并且记住很长时间。

　　对单个分子的嗅觉辨认显然是由对特定有机分子功能团或者片段敏感的单个鼻接收器完成的。比如一种接收器可能对 COOH 敏感，另一种对 NH_2 敏感，等等（C 代表碳；H 代表氢；O 代表氧；N 代表氮）。复杂分子的多种从属和突起结构显然会黏在鼻黏膜的不同分子接收器上，而针对所有功能团的接收器联合起来构成一种对分子的总体嗅觉印象。这是一种极为复杂的感觉系统。人类制造的这类设备中最精密的是气相色谱质谱联用仪，但它总体上既没有猎犬敏感，也不具备猎犬的辨别能力，尽管这种技术正在取得实质性的进步。动物的嗅觉系统进化到当今的复杂程度是因为巨大的选择压力。早期对伴侣、猎食者和猎物的探测对物种而言事关生死。嗅觉非常古老，事实上，在神经基质的层次以上的早期进化可能大部分都是由这种分子探测的选择压力激发的。脑中独特的嗅觉球结（见图 3-1）是生命历史中最先发展出来的新皮层模块之一。事实上，赫里克便将边缘系统称为"嗅脑"。

人类嗅觉的发展远不如猎犬完善。我们的脑质量虽大，嗅觉球结却小于很多其他动物，而且显然嗅觉在我们的日常生活中作用很小。一般人只能区分相对较少的几种气味。尽管能够辨识的气味只有寥寥数种，我们对气味进行语言描述和分析性理解的能力也十分低下。在自身的知觉当中，我们对一种气味的反应与造成那种味道的三维分子结构几乎没有什么关系。嗅觉是一种复杂的感知任务，我们在一定限度内可以执行得相当精确，但最多只能粗略描述。如果猎犬能够说话，我认为当它在试图描述它如此擅长之事的细节时，也会面临类似的失语。

正如同气味是狗和很多其他动物感知环境的主要手段，视觉是人类的首要信息渠道。我们的视觉敏感性和分辨能力至少与猎犬的嗅觉同样惊人。比如，我们能够辨别不同的面孔。细心的观察者能够区别几万张甚至几十万张不同的脸。被国际刑警和西方国家警察力量广泛使用的"艾登蒂基特容貌拼图"能够重建超过 100 亿张面孔。这种能力的生存价值是很明显的，尤其对我们的祖先而言。不过想一下，那些我们能够完美识别的面孔，在用语言描述时我们又是多么的力不从心吧。目击证人在口头描述之前遇到的人时通常表现出完全的无能为力，但是在重新见到时又能高度精确地认出同一个人来。尽管认错人的情况肯定会发生，但是法庭似乎愿意接受任何成年证人对于面孔识别问题的证词。不妨想想看，我们如何能够轻易地在一大群人当中注意到一位"名人"，我们的名字又是如何在密密麻麻杂乱无章的列表中脱颖而出的。

——————————

　　人类和其他动物都具有非常复杂的高数据速率知觉和认知能力。这种能力远超被很多人认为我们所有人都具有的语言和分析意识。这另外一种认识，也就是我们的非语言知觉与认知，往往被称为"直觉"。这个词的意思并非"固有的"。没有人出生时脑子里就已经被植入了一系列面孔。我认为这个词表达的是，对于我们无法理解自己何以获得这些知识的一种隐晦的气恼。但是直觉知识有着极长的进化历史：如果我们把基因材料所蕴含的信息考虑在内，那么它要一直追溯到生命的起源。两种认识模式中的另外一个——在西方对直觉知识的存在表现出恼怒的那一个——则是出现相当晚的进化产物。完全能用语言表述（也就是使用完整的句子）的理性思考大概只有几万至几十万年的历史。很多人在神志清醒的状态下几乎完全是理性的，而另一些人则几乎完全依赖直觉。两种人都缺乏对于对方那种认知能力的认识，他们互相嘲弄。在较为礼貌的言语交锋中，"稀里糊涂"和"不辨是非"是两个有代表性的形容词。我们为什么会拥有精确而互补的两种不同思维方式，而它们相互之间又如此地缺少整合？
　　这两种思维模式位于大脑皮层的证据最早来自对脑损伤的研究。发生于新皮层左半球颞叶或者顶叶的事故或者中风通常会造成读、写、讲话和计算能力的障碍。右半球相应部位的损伤则会造成三维视觉、模式识别、音乐能力和整体性推理的障碍。面部识别功能更多地位于右半球，那些号称"从来不会忘记一张脸"的人用右脑进行模式识别。事实上，右侧顶叶的损伤有时候会造成患者无法认出镜子或者照片里自己的脸。这些观察结果强烈地暗示了，被我们描述为"理性"的功能主要位于左半球，而"直觉"的功能主要位于右半球。

在这个研究方向上近期最重要的实验是由加利福尼亚理工学院的罗杰·斯佩里及其同事开展的。在尝试治疗癫痫大发作——也就是患者遭受着持续不停的发作（频率可达每小时两次，永不缓解）——的时候，他们切除了胼胝体，也就是连接新皮层左右两个半球的主要神经纤维束（见图7-1）。这种手术是为了防止一侧半球中的一种神经放电风暴扩散到远离其焦点的另一个半球。研究者们希望两个半球中的至少一个不会再受到次生发作的影响。结果出人意料地超过了预期，两个半球发作的频率和强度都显著下降了——就好像原先有正反馈，每个半球的癫痫放电活动都会通过胼胝体刺激另一个。

这种"裂脑"患者在术后表面上完全正常。有一些报告称术前经历的那些栩栩如生的梦境完全消失了。第一位这种患者术后一个月内无法说话，但是失语症后来还是消失了。裂脑患者的正常行为和表现本身说明胼胝体的作用很微妙。两亿条神经纤维在那里汇聚成束，在两个大脑半球之间每秒处理大约几十亿比特的信息。它包含的神经元占新皮层神经元总数的大约2%。然而当它被切除之后，似乎并没有改变什么。我认为某些重大的变化显然还是发生了，但需要更加深入地研究才能够发现。

当我们看右侧的一个物体，两只眼睛都看向所谓的右视域；看左侧的物体时，眼睛看向左视域。但是由于视觉神经连接的方式，右视域的信息在左半球处理，左视域的信息在右半球处理。与此类似，

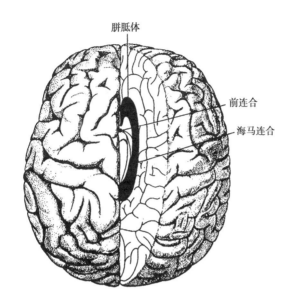

图 7-1　人脑俯视图

在一例成功地控制了癫痫发作的神经外科手术中，这颗脑的两个大脑半球被分离了。分离手术主要是通过切开胼胝体实现的。两个半球之间较为次要的连接器——前连合和海马连合有时候也会被切开。

资料来源：Copyright © 1967 by Scientific American。

尽管某些听觉处理发生在同一侧——比如左耳听到的声音在左半球处理，但右耳听到的声音主要还是在左脑处理，左耳听到的声音也主要在右脑处理。更加原始的嗅觉则没有这种功能交叉现象，左侧鼻孔闻到的气味仅仅在左半球处理。但是脑和四肢之间传送的信息是交叉的。左手触摸到的物体主要由右半球感知，命令右手写一句话的指令在左半球得到处理（见图 7-2）。在 90% 的人类受试者中，语言中枢位于左半球。

斯佩里和他的同事开展了一系列设计精巧的试验。在实验中裂

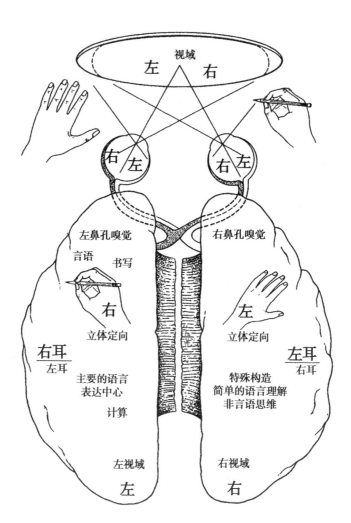

图 7-2　根据斯佩里的研究绘制的外部世界与新皮层两个半球的对应示意图

右和左视域分别投射到左和右枕叶上。对身体右侧和左侧的控制也有着类似的交叉，听觉大体上亦如是。嗅觉被投射到与嗅到气味的鼻孔同侧的半球上。

脑患者的左右两半球分别被施以单独的刺激。在一次典型的试验中，屏幕上闪现了"帽子""带子"这两个词——只不过"帽子"位于左视域而"带子"位于右视域。患者报告称他看到了"带子"，显然至少根据其语言表达能力来判断，他并不知晓自己的右半球收到了"帽子"一词的视觉印象。当被问及是何种带子时，患者也许会猜测：禁止带、橡皮带、爵士乐队（在英语中代表带子的 band 亦有"乐队"之意）。但是在一个类似的试验中，患者被要求写下看到的东西，他的左手在一个盒子里写下了"帽子"一词。他通过自己手上的动作知道自己正在书写文字，但是因为无法看到，便没有信息抵达控制语言能力的左半球。令人困惑的是，他能够写出答案，却说不出来（见图7–3）。

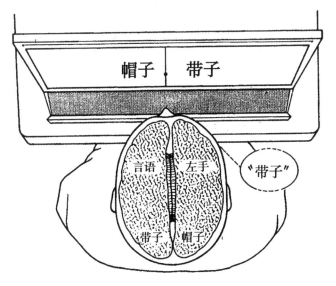

图7–3 裂脑患者脑刺激视觉试验

受试者仅能读到以及口头说出向其右视域展现的单词。

哪怕在潜意识里，左右视域的词也不会被联系起来。根据斯佩里的研究绘制。

很多其他试验得出了类似的结果。在一个试验中，患者能够用左手感受视线之外的三维塑料字母。他摸到的字母只能够拼成一个正确的英文单词，比如"爱"或者"杯子"。患者是能够拼出来的：右半球有着微弱的组词能力，差不多就像在梦中那样。但是在正确拼出单词之后，患者却无法用语言表达拼出了什么词。显然在裂脑患者中，每个半球对另一半球获知的信息几乎没有任何了解（见图7-4）。

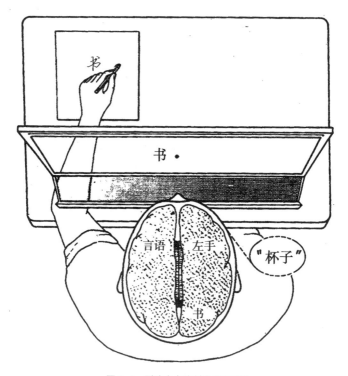

图7-4　裂脑患者脑刺激书写试验

在看不到手的情况下，裂脑患者正确地写出了左视域看到的单词（手写体，而非大写字母）。但是当被问及左手写下了什么时，他给出了一个完全错误的答复（"杯子"）。根据尼布斯和斯佩里的研究绘制。

　　左半球在几何方面的能力不足令人印象深刻。这在图7-5中有所展现：一名右利手裂脑患者能够仅仅用其（没有经验的）左手准确复制看到的简单三维图形。右半球在几何上的优势似乎仅限于操作任务，而并未涵盖其他不需要手－眼－脑协作的几何功能。这种操作性的几何行为似乎位于右半球的顶叶，左半球的相应位置是负责语言的。纽约州立大学石溪分校的迈克尔·加扎尼加认为，这种半球分工的出

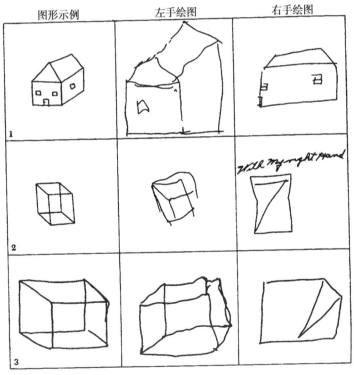

图 7-5　左半球复制几何图形时的相对能力不足
根据加扎尼加的研究绘制。

现是因为语言功能在左半球的发展要早于孩童对操作技能和几何想象力的充分掌握。根据这一看法，右半球在几何技能上的分工是默认的，左半球的技能则被重新定向为语言。

————————

根据传言，斯佩里最令人信服的试验之一完成之后，他举办了一次聚会，受邀来宾包括一位胼胝体完整无缺的著名理论物理学家。这位以富有幽默感著称的物理学家在聚会中一直安静地坐着，饶有兴致地听斯佩里讲述在裂脑研究领域的发现。一晚的欢聚结束后，宾客缓缓离开，斯佩里站在门口向走在最后的几位道别。物理学家伸出右手与斯佩里握手，表示自己度过了一个多么迷人的夜晚。然后走出两步之后，他改变了两脚的位置，伸出左手，尖着嗓子说："我希望你知道这一晚我过得也很开心。"

当皮层两个半球之间的沟通被切断，患者往往发现自己的行为莫名其妙。显而易见，哪怕是"高谈阔论"的人也未必了解"事情的真相"（可比较一下导言中引用的《柏拉图对话录·斐德罗篇》的话）。两个半球的相对独立在日常生活中显而易见。我们已经提到了用语言描述右半球的复杂感知有多么难。很多精巧复杂的身体任务，包括体操，相对而言似乎少有左半球的参与。网球运动中有一个著名的"策略"，就是询问你的对手把他的拇指放在了球拍的什么位置。至少在短期内，左半球对这个问题的关注往往会破坏他的球技。大部分的音乐能力是右半球的功能。通常而言，即便完全不会用音乐符号记谱，我们也能记住一首歌或者一段音乐。在钢琴演奏中，我们会将这种现象描述为我们的手指（而不是我们自己）记住了乐曲。

这种记忆可能相当复杂。最近我有幸观摩了一家重要的交响乐团排练一支新的钢琴协奏曲。在这种排练中，指挥往往并不从头开始一直演奏到最后，而是专注于难度大的段落，这是因为排练时间很宝贵，而且演奏者们有这个能力。给我留下深刻印象的是，独奏者不仅仅记住了整个曲子，她还能短暂地瞥一眼谱子上的标记，然后便从任何指定的位置开始演奏。这种令人嫉妒的本领融合了左右两个半球的功能。没有听过的音乐，若要记到可以从任何位置开始的程度，难度是相当大的。用计算机术语来说，钢琴师对曲谱能够随机读取而不是按顺序读取。

在很多最困难而且备受推崇的人类活动中，这是左右半球协调合作的绝好例证之一。对于普通人胼胝体两侧功能的独立性，重要的是不要给予其过高的估计。值得再次强调的是，像胼胝体这种复杂连接系统的存在肯定意味着，半球之间的互动对人类而言是一个至关重要的功能。

除了胼胝体之外，左右半球之间还有另外一种神经连接，叫作前连合。它比胼胝体小得多（见图 7–1）。鱼脑中有前连合但没有胼胝体。在切除了胼胝体但留下前连合的人类裂脑试验中，嗅觉信息不受影响地在两个半球之间传递。偶尔似乎也有视觉和听觉信息通过前连合传送，但是这种现象因人而异，无法预测。这些发现符合脑的解剖结构和进化历史。前连合（以及海马连合，见图 7–1）的位置比胼胝体深，在边缘皮质以及或许其他更加古老的部分中传输信息。人类音乐和语言能力之间的分离是很有意思的。右侧颞叶损伤或者接受过右半球切除术的患者语言能力完好无缺而音乐能力显著受损——尤其表现在辨别和记忆旋律的方面。然而他们阅读乐谱的能力毫发无伤。这似乎完美地契合了前文讲述过的功能划分：对音乐的记忆和欣赏需要对听觉模式的辨认以及整体性而非解析性的气质。有证据表明，诗歌在一定程度上是右半球的功能。在一些病例中，患者因左半球损伤而失语之后，开始了人生中第一次诗歌创作。不过这有可能就像德莱顿说的那样，是"纯粹的诗歌"。另外，右半球显然不懂得如何押韵。

　　皮层功能的分离或者偏侧性是在针对脑损伤人士的实验中发现的。然而，证明这些结论适用于普通人也很重要。在加扎尼加开展的试验中，研究人员向脑未受损伤的人员展示一个单词，单词一半在左视域，另一半在右视域，就像对裂脑患者所做的那样，同时监控单词在脑中的重建过程。结果显示，在正常的脑中，右半球几乎不进行语言的处理，而是把观察到的信息通过胼胝体传送给左半球，左半球才是单词被拼接完整的地方。加扎尼加还发现了一位右半球具备惊人语言能力的裂脑患者，但是这位患者在非常年幼的时候左半球颞叶和顶叶区域就出现了病变。我们曾经提到过，在两岁以内脑受伤之后功能可以重新定位，但两岁之后便不再可以。

　　旧金山市郎利波特神经精神病学研究所的罗伯特·奥恩斯坦和大卫·加林声称，当正常人的智力活动由分析型转向虚构型，对应皮层半球 EEG 活动的变化是可以预测的：比如当受试对象进行心算时，右半球呈现代表"闲置"皮层半球的阿尔法波。如果这一结果得到确认，将是一个相当重要的发现。

　　奥恩斯坦进行了一次有趣的分析，来解释为什么——至少在西方——我们对左半球功能进行过如此多的研究，对右半球功能却很少。他提出我们的对右半球功能的意识有点像是在白天看星星的能力。太阳太亮，以致星星都看不见了，虽然它们和在晚上一样，仍然挂在天空中。日落之后，我们能够看到星星。同样道理，左半球的语言能力是熠熠生辉的最新进化进展，遮蔽了我们对右半球直觉功能的意识，而这肯定曾经是我们祖先感知世界的主要方式。[1]

————————

左半球顺序地处理信息，右半球则能够一次性获得多个输入，同步地处理信息。左半球串联工作，右半球并联工作。左半球有点像数字计算机，右半球像模拟计算机。斯佩里提出两半球功能的划分是一种"基础性的不相容"的结果。或许如今我们只能在左半球"闲置"——也就是做梦时，才能够直接感受到右半球的运转。

我在前一章中提出，做梦状态的主要属性可能是白天大体上被新皮层压制的爬虫脑过程在夜间得到释放。但是我提到了梦境中重要的符号性内容明显显示出新皮层的参与，尽管人们经常声称梦中阅读、书写、算术和语言回忆功能遭受了惊人的障碍。

除了符号性的内容，梦境想象的其他特征也都暗示出做梦过程中新皮层的参与。比如说，我曾经做过多次这样的梦：仅仅因为明显并不重要的线索在很早的时候被插入了梦境的内容，梦的结局或者"情节意外"才会成为可能。梦的整个情节发展肯定在刚开始做梦的时候就已经在我的意识里了（顺便说一下，梦中事件的耗时已经被迪蒙特证明大致相当于真实生活中发生的同样事件）。尽管很多梦的内容显得杂乱无章，但还是有一些拥有极为良好的结构。这些梦与戏剧非常相像。

————————

[1] 经常有人说大麻能够增强我们对音乐、舞蹈、艺术、模式和符号识别的鉴赏和能力，以及我们对非语言交流的敏感度。据我所知，它从未改善过我们阅读和理解路德维希·维特根斯坦和伊曼努尔·康德，或者计算桥梁经受的压力，或者计算拉普拉斯变换的能力。受试对象往往连有条理地写下自己的想法都很困难。我怀疑大麻酚（大麻中的活性成分）并没有增强什么，而是仅仅抑制了左半球，让星星重新闪烁。这可能也是很多东方宗教入定状态的目标。

　　我们现在意识到了这样一个很有吸引力的可能性：在做梦状态下新皮层左半球是被抑制的，而对符号极度熟悉但是语言能力蹩脚的右半球却运转正常。有可能左半球在夜间并未完全关闭，而是在执行令意识无法接触到它的任务：它正忙于从短期记忆缓存中清空数据，决定哪些应当进入长期存储。

　　有一些在睡梦中解决困难的智力问题的报道，虽为数不多，但比较可靠。或许其中最著名的是德国化学家弗里德里希·凯库勒·冯·斯特拉多尼茨的梦。1865年，有机结构化学领域最紧迫又最令人迷惑的问题是苯分子的性质。几种简单有机分子的结构已经根据其性质被推断出来。它们都是线性的，构成的原子在一条直线上相互贴合。根据其自己的陈述，凯库勒在一辆马车上打盹时，梦见一些原子排成了一条线跳舞。忽然间原子队伍的末尾接上了排头，形成了一个慢慢旋转的环。醒来后仍记得梦境片段的凯库勒立刻意识到，苯问题的答案是碳原子的六角形环而不是一条直链。不过请注意，这本质上是一次模式识别训练而不是分析活动。睡梦状态下完成的著名创造性活动几乎都带有这个典型特征：它们是右脑而非左脑的活动。

　　美国精神分析学家艾瑞克·弗洛姆曾经写道："我们难道不能认为，脱离了外部世界之后，我们暂时地退行到一种像动物一般缺少理性的原始精神状态？这个假说可以找到很多支持的证据，而且从柏拉图到弗洛伊德，很多梦的研究者也都认为退行是睡眠状态乃至做梦活动的本质特点。"弗洛姆继而指出，我们有时候在梦中领悟到清醒时苦觅无踪的见解。但我相信这些见解都具有直觉或者模式识别的特点。做梦状态的"类动物"性可以被理解为爬虫脑和边缘系统的活动，以及作为新皮层右半球活动的直觉见解的偶尔闪现。两种情况的发生都是因为左半球的压制功能被关闭。弗洛姆称这些源自右半球。见解为"被遗忘的语言"——而且他貌似雄辩地提出它们是梦境、童话和神话的共同来源。

在梦中有时候我们能意识到自我的一部分在冷静地观察。往往在梦境的某个角落，存在着某种观察者。是我们的意识中这一"观察者"的部分偶尔——有时是在噩梦当中对我们说："这只是一个梦。"是这位"观察者"在欣赏一场结构精良的梦境情节的戏剧统一性。不过大部分时间里，"观察者"都保持着完全的安静。在致幻药品——比如大麻或者麦角二乙酰胺（LSD）体验中，受试对象通常会报告这样一位"观察者"的存在。LSD 体验可能会极为恐怖，好多人曾经告诉我 LSD 体验中清醒与疯狂之间的区别完全依赖于"观察者"——一小部分安静的清醒意识的持续存在。

在一次大麻体检中，我的报告者不仅意识到这位安静"观察者"的存在，而且以一种奇怪的方式体会到他的不合时宜。这位观察者会对大麻体验中万花筒般的梦幻想象作出一些有趣而且时而带有批评性的评论，但本身并不是其中的一部分。"你是谁？"我的报告者默问。"谁在问？"观察者如是回答，给这场体验蒙上了一层苏菲派或禅宗寓言的色彩。然而我的报告者提出的问题是很深刻的。我的观点是，观察者是左半球批评能力的一小部分，它更多地在幻觉体验中而非梦中运行，但在两种情况下都在一定程度上存在着。然而那个古老的问询"是谁在问这个问题？"仍旧未得到解答，或许它是皮层左半球的另一个部分。

人们在人类和黑猩猩身上都发现了左右半球颞叶的不对称现象，左侧颞叶的一部分明显地更加发达。人类的婴儿天生便有这种不对称现象（早在孕期第 29 周便已经出现），这暗示着在左侧颞叶控制语言的强烈遗传倾向。（不过，在两岁之前左侧颞叶受到损伤的儿童能够在右半球相应位置发展出完好无缺的语言功能。如果年龄更大一些，这种替代便不可能了。）另外，在孩童的行为中也发现了偏侧性。他们更容易理解右耳听到的语言材料以及左耳听到的非语言材料，这种规律在成人当中也有所发现。与此类似，婴儿平均而言看右侧物体的时间长于看左侧同样物体的时间，相对于右耳，左耳需要听到更响的声音才能引发反应。尽管在猿的脑和行为中尚未发现这种清晰的不对称性，迪尤森的结果（见图5-3）却表明高级灵长目动物可能存在着一些偏侧性，恒河猴的颞叶则没有结构不对称的证据。我们显然可以猜测黑猩猩的语言能力就像人类一样，也是由左颞叶掌管的。

非人类灵长目动物有限的符号性叫喊似乎是由边缘系统控制的，至少松鼠猴和恒河猴全部的叫声都能够通过对边缘系统的电刺激诱发出来。人类的语言是由新皮层控制的。因此人类进化中的一个重要步骤应当是对语言的控制权由边缘系统向新皮层颞叶的转让，同时也是本能性沟通向习得性沟通的转变。然而猿掌握手势语言的惊人能力和黑猩猩脑偏侧性的迹象表明，灵长目动物自发性符号语言的掌握并不是最近的创举。事实上它可以追溯到几百万年前，这与能人布洛卡区的颅腔铸型证据吻合。

猴脑新皮层中相当于人类语言中枢的区域受到损伤并不会影响其本能的叫喊。因此，人类语言的发展必然涉及从根本上来讲全新的脑系统，而不仅仅是边缘系统喊叫功能机制的重新加工。一些人类进化方面的专家曾经认为掌握语言是很晚才发生的事情——或许仅有短短几万年——而且与最近一次冰川期带来的挑战有关。但是数据并不支持这种观点，而且人脑的语言中枢太复杂了，很难想象从最近一次冰川期顶峰至今仅仅一千代左右的时间里就能进化成这个样子。

证据表明大约几千万年前我们的祖先便有了新皮层，但当时左右半球的功能相近而且冗余。从那以后，直立的姿势、工具的使用，以及语言的发展相互促进，比如语言能力的些许增强使斧子得到了改良，反之亦然。与此相应的脑进化过程似乎就是把两个半球中的一个特化为负责分析性思考。

顺便说一下，最初的冗余代表了一种精明的计算机设计。比如说，对新皮层神经解剖学毫无了解的工程师在设计海盗号机载存储器时，为它嵌入了两部相同的计算机，程序完全一致。但是由于其复杂性，两部计算机很快出现了区别。在登陆火星之前，计算机接受了一次智力测验（由地球上一台更聪明的计算机执行），然后较为愚笨的那部计算机便被关闭了。或许人类进化经历了类似的方式，我们备受推崇的理性和分析能力位于"另一个"脑——那个无法完全胜任直觉思考的脑。进化经常使用这种策略。事实上，随着有机体的日益复杂，增加遗传信息量的标准进化过程便是倍增部分遗传材料，然后让冗余部分发生缓慢的功能特化。

人类语言几乎毫无例外地都对右侧有一种偏向。"右"与合法性、正确的行为、高级道德准则、坚定和男子气概有关，"左"则与软弱、怯懦、目的的不明确、邪恶和女性气质有关。比如在英语中，rectitude（品行正直）、rectify（校正、修正）都是由表示"右"的拉丁语单词 rectus 衍生而来；righteous（正义）与 right（右、正确的）同源且词性相近；字面意义为"右边的人"的词组 right-hand man 表示"得力助手"；dexterity（灵巧、聪敏）源自拉丁语单词 dexter（在右边的）；adroit（熟练的、机敏的）源自法语词组 à droite（右边）；

"权利"一词与"右边"同形（right）；字面意义为"在他右边的心智"中的词组 in his right mind 表示"意识清醒"。甚至 ambidextrous（左右手都灵的，非常灵巧的）的本意也是"两只右手"。

另一方面，sinister（不祥的，险恶的）与拉丁语表示"左边"的单词词型完全一致；gauche（笨拙的，不善交际的）与法语表示"左边"的单词词型完全一致；字面意义为"左手的恭维"的词组 left-handed compliment 表示"假恭维"。俄语中表示"左边"的单词 nalevo 还有"鬼鬼祟祟"的意思。意大利语中表示"左边"的单词 mancino 意为"不诚实的"。权利法案是 Bill of Rights，却没有 Bill of Lefts。

词源学中的一个说法是，英语的 left（左）源自盎格鲁－撒克逊语表示"虚弱、无足轻重"的单词 lyft。Right（右）一词在法律意义（表示符合社会规范的行动）和逻辑意义（表示错误的反义）也是很多语言所共有的。右和左在政治上的应用似乎能够追溯到重要的世俗政治力量崛起抗衡贵族的那一刻。贵族被安排在国王的右侧，而激进的暴发户——资本家——在左侧。贵族们支持王权，因为国王自己便是贵族，而他的右侧则是有利的位置。神学中也有与政治中类似的说法："在上帝的右手边。"

关于"右"与"直"的关系，可以找到很多例证。[1] 在墨西哥西班牙语中，说"右右"表示径直往前；在非洲裔美国人口语中，right on 表示赞成，通常用来表达情感或者善于辞令。Straight（直的）在当今英语口语中往往表示"传统的""正确的"或者"恰当的"。俄语中表示"右"的单词是 право，与意为"真"的 pravda 同源。在很多语言中，"真"也有"直"或者"准确"的意思，比如 his aim

---

[1] 拉丁语系、日耳曼语系和斯拉夫语系的语言都是从左往右书写，而闪米特语系的语言都是从右往左书写，我很好奇这样一个事实是不是有什么重要意义。古希腊人是左行右行交替书写（"就像牛犁地一样"），从左向右写一行，再从右向左写一行。

was true（他的目标很直接）。

斯坦福比奈智商测试对左右两半球的功能都进行了一些检验。对右半球的测试内容包括，预测一张纸被折叠几次并减去一小块后，再打开时的形态，或者在一部分砖块被遮挡的情况下，估计一堆砖块的总数。尽管斯坦福比奈智商测试的制定者认为这种关于几何概念的问题非常适于确定儿童的"智力"，但据说在针对青少年乃至成人的智商测试中，它们愈发无用了。在这种检验中显然极少有对直觉能力的测试。毫不奇怪，智商测试似乎对左半球有着强烈的偏向。

人们对左半球和右手的偏爱之强烈让我联想起，在战争中，险胜的一方会重新命名双方的名字和争执的问题，以便未来的世代能够毫不困难地判断效忠哪方才是审慎的选择。与此类似，在全世界对"右"和"左"两词所赋予的种种附加意义中，我们找得到人类早期历史上一次凶险冲突的证据。[1]什么能够引起如此强烈的情感？

在使用尖利武器进行的战斗，以及拳击、棒球和网球等运动中，在训练中习惯使用右手的选手在意外遇到左利手对手时会发现自己处于劣势。另外，一位心念歹毒的左利手剑客可能通过用不受阻碍的右手表现出缴械与和平的姿态，从而逼到离对手非常近的地方。但是这些情形似乎无法解释左手遭受的反感的广度和深度，也解释不了传统上并非战士的女性也崇尚右侧沙文主义。

一个或许可能性不大的解释是，这与工业社会之前没有厕纸有关。在人类历史的大部分时期，以及今日世界的很多地方，排便之后

---

[1]另一对反义词则揭示出全然不同的一种情形：黑和白。英语中尽管有"像黑与白一样不同"这样的短语，这两个英文单词却似乎有着相同的起源。Black（黑）源自盎格鲁－撒克逊语单词blaece，white（白）源自盎格鲁－撒克逊语单词blac，后者在其变体blanch（漂白）、blank（空白）、bleak（暗淡）及法语单词blanc（白）中仍依稀可辨。黑和白都具有缺乏色彩的显著特点，而它们竟采用了同样的词源，这令我为亚瑟王的词典编撰者的深刻领悟力感到震惊。

的个人卫生问题都是徒手解决的，这在前技术文化中是生活的现实。这并不意味着那些遵循这种习惯的人乐在其中。除了在美学方面惹人讨厌，这种行为还具有向他人以及自己传播疾病的重大风险。最简单的预防措施是用另一只手问候及进餐。在进入技术时代之前的人类社会中，人们几乎没有例外地将左手用于如厕功能，而将右手用于问候及进餐。对这种习俗的偶尔违背会受到相当严重的厌恶。对于违背主流用手习惯的幼儿，人们曾经施以严厉的惩罚。西方的很多老年人仍然能够记得，在某个年代，哪怕用左手够物品都会遭到严厉的指责。我相信这能够解释普遍存在于我们这个右利手占多数的社会的，对"左"的恶意联系与对"右"洋洋自得的维护和夸耀。不过这个解释没能说明当初为什么分别选择右手和左手执行它们各自特定的功能。人们或许可以辩称，从统计学角度来说如厕功能有一半的可能被赋予左手。但是那就意味着每两个社会中就有一个对左侧持正面态度。事实上，似乎并没有这种社会。在多数人都是右利手的社会里，进餐和战斗等需要准确性的任务会被分配给好用的那只手，而如厕功能则被默认地交给了左手。不过，这也并未解释为什么社会中右利手占多数。在最根本的意义上，那个解释需要到别处寻找。

你习惯用哪只手执行大多数任务与皮层哪个半球控制语言并没有直接的联系。大多数左利手者的语言中枢可能仍旧在左半球中，尽管这一点仍有争论。不过，手性本身的存在被认为与脑的偏侧性有关。一些证据表明左利手者更容易在阅读、书写、讲话和算术等左半球功能方面出现问题，而更擅长想象、模式识别和总体创造力等右半球功能。[1]一些数据表明，人类从遗传的角度来看更倾向于右利手。比

---

[1] 哈里·杜鲁门和杰拉尔德·福特显然是仅有的两位左利手美国总统。我不敢确定这是否符合手性和半球功能之间的（微弱）联系。列奥纳多·达芬奇可能是左利手中最为夺目的创造型天才。

如 3~4 个月的胎儿右手指纹褶皱数量要多于左手，这种数量优势在整个孕期一直存在，并延续到出生之后。

通过分析南方古猿用石头或木棒砸碎的狒狒头骨化石，人们获得了人类的这种早期亲戚手性的信息。南方古猿化石的发现者雷蒙德·达特认为大约 20% 的南方古猿是左利手，这和当代人类的比例差不多（见图 7-6）。与此形成对比的是，虽然其他动物往往也表现出对一侧爪子的强烈偏好，但左侧受青睐的可能性基本上等于右侧。

左右的区分深深地植根于我们这个物种的久远过去。我疑心理性和直觉之间、脑的两个半球之间，某些争斗并未在右和左相关词汇的两极分化中显现出来：是语言中枢所在的半球控制着右边。右侧事实上未必更加机敏，但显然掌握着发言权。左半球似乎对右半球抱有相当防御性的态度——以一种缺乏安全感的奇怪方式，而如果这是真的，对直觉思考的语言批评便从根本动机上来说是可疑的。不幸的是，有充分的理由认为右半球对左半球也有着可与此比拟的忧惧——当然是以非语言的形式表达的。

在承认两种思维方式都正当的前提下，我们必须提出左右两半球在新环境中是否同样有效及有用这样一个问题。毫无疑问，右半球的直觉思维可以感知对左半球而言太难的模式和联系，但是它也可能探知到并不存在的模式。怀疑和批评性思考并非右半球的标志。完全出自右半球的教条想法可能是错误而偏执的，尤其当其产自陌生和困难的环境中时。

在最近由威尔士加迪夫大学的心理学家斯图亚特·戴蒙德开展

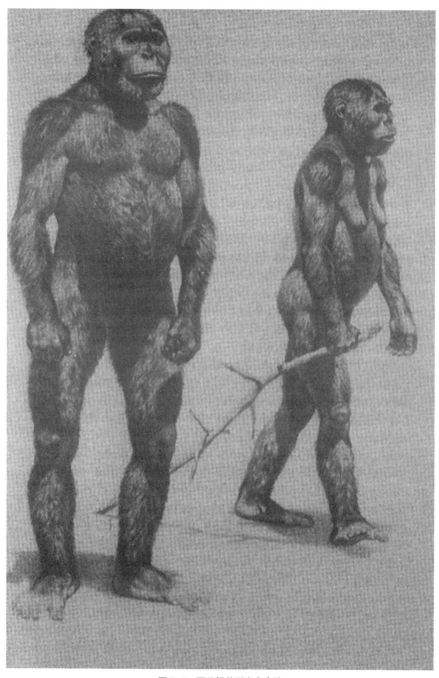

图 7-6　两只粗壮型南方古猿

这些动物可能右利手占多数。纤细型南方古猿很可能也是。

资料来源：Copyright © 1965，1973 Time，Inc。

的试验中，研究者利用特殊的接触镜仅向受试者的单侧半球播放影片。当然抵达普通受试者一侧半球的信息能够通过胼胝体被传送到另一半球。受试者被要求针对多种类型影片的情感成分作出评价。结果表明，相对于左半球，右半球明显倾向于将世界视为一个更加令人不快、充满敌意，甚至令人作呕的地方。加迪夫的心理学家们还发现，当两个半球都在工作时，我们的情感反应与左半球独自的反应非常接近。右半球的消极主义在日常生活中显然被更加随和的左半球坚决地缓和了。但是一种阴暗而多疑的情绪显然还潜伏在右半球中，这或许可以部分地解释我们的左半球对于左手和右半球的"险恶"品质所感受到的反感。

　　在偏执的思维状态下，一个人会相信他探知到了一种阴谋——也就是说在朋友、同事或者政府的行为中，隐藏着某种恶毒的模式——而这种模式实际上是不存在的。如果真有这样一种阴谋，对象会陷入深切的忧虑当中，但是他的想法却未必是偏执的了。美国第一任国防部长詹姆士·弗里斯特尔身上发生过一次著名的案例。在第二次世界大战末期，弗里斯特尔坚信以色列特工在四处跟踪他。他的医生对于这种观念的荒谬同样深信不疑，诊断其为偏执狂患者，并将他关进了沃尔特里德陆军医院较高的某个楼层里。由于医院工作人员过于尊重他显赫的军衔，对其看管不够严格，部分地造成了他的跳楼自杀。后来才发现，弗里斯特尔确实曾经被以色列特工跟踪，原因是以色列人担心他会与阿拉伯国家的代表达成秘密谅解。弗里斯特尔还有其他的问题，但是他正确的感知被贴上偏执的标签并未对他的境遇有所帮助。

　　一个社会迅猛变化的时代，总会有一些阴谋。有一些是喜欢改变的人搞出来的，另一些则出自希望保持现状的人，近期的美国政治史上后者要多于前者。在没有阴谋时探知到阴谋是偏执狂的症状，在有阴谋时探知到阴谋则是精神健康的信号。我的一位熟人有个说法："在当今的美国，你要是不带点偏执，那你就疯了。"不过这样的说法搁到全球都适用。

右半球总结出的模式若不经过左半球的审查，我们便无从判断它是真实的还是想象出来的。另一方面，若没有创造性的和直觉性的领悟，没有对新模式的探索，纯粹的批评性思考是没有成果而注定要失败的。为了在变化的环境中解决复杂问题，皮层两个半球的活动都必不可少：通往未来的道路经过胼胝体。

有很多不同认知功能产生不同行为的例子，其中一个是人们看到血之后的相近反应。我们很多人在看到他人大量流血时都会感到恶心或者厌恶，甚至会晕厥。我想原因是显而易见的。多年以来我们已经将自己的流血与痛苦、伤害以及身体完整性的破损联系起来，而看到别人流血时，我们就会体验到感同身受的痛苦。我们看得出他们的痛苦。我们几乎可以确信这就是很多不同特色的人类社会都用红色表示危险或者停止[1]的原因（如果我们血液中携带氧气的成分是绿色的——这在生物化学方面是有可能的——我们所有人都会认为绿色是表示危险的天然标志，而对于使用红色的想法感觉愉悦）。另一方面，一位经过训练的医师在面对血液时有一套不同的感知。哪个器官受伤了？血流量有多大？是静脉血还是动脉血？需要绑上止血带吗？这些都是左半球的分析功能。它们比简单的关联——血液等于痛苦——需要更加复杂及分析型的认知过程。它们也更加现实。如果我受了伤，我更希望身边是一位有能力的医师，经过多年的历练对流血几乎已经习惯，而不是一位极富同情心的朋友，一见到鲜血便昏死过去。后者或许有着不去伤害别人的高度自觉，但是前者却能在这样的伤害发生

---

[1]或者下方，比如在电梯方向指示灯上。我们的树栖祖先必须非常小心下方。

时伸出援手。在一个结构理想的物种中，这两种不同的态度将在同一个体身上同时呈现。而在我们大多数人身上事实正是如此。两种思维方式的复杂程度迥异，但是它们有着互补的生存价值。

有关直觉思考对分析性思考得出的清晰结论偶尔采取的抗拒态度，一个典型的例子是大卫·赫伯特·劳伦斯对月球本质的观点："对我说它是天上一块没有生命的石头也没有用！因为我知道它不是。"当然，月球确实不仅是天上一块没有生命的石头。它美丽，能引起人们浪漫的联想；它能升起潮汐；它甚至可能是人类月经周期的终极原因。但是很显然，天上一块没有生命的石头确实是它的属性之一。在我们曾经有过个人或者进化经历的领域，直觉思考相当管用。但是在新的领域——比如近处天体的性质——直觉推断必须愿意放弃自己的主张并适应理性思考从自然界获得的洞察。出于同样的原因，理性思考过程本身并非终点，而是必须在人类福祉的更大语境中得到理解。理性与分析尝试的性质和方向在很大程度上应当由其对人类的终极意义来决定，就像通过直觉思考所揭示的那样。

在某种意义上，科学可以被视作应用于自然的偏执思考。我们在寻找自然的阴谋，在看起来离散的数据中寻找关联。我们的目标是从自然中抽象出模式（右半球思维），但是很多被提出的模式实际上与数据不符。因此所有被提出的模式都必须接受批评性分析（左半球思维）的筛查。没有批评性分析地寻找模式，以及不探求模式地刻板怀疑，是不完备科学的两个极端。对知识的有效追求同时需要这两种功能。

微积分、牛顿物理学和几何光学都源自基础的几何学论证，如今却以分析性论证的方式得到教学和展示。相对于教学来说，数学和物理的学科创建更像是右半球的功能。这种现象在今日也很普遍。重要的科学领悟都是以直觉为特点的，而在科学论文中以线性分析论证得到阐释则是其另一个特点。这里并没有反常之处，事实上本应如此。创造性的活动主要有右半球的参与，但是对结果正确性的论证则大体上是左半球的功能。

广义相对论的核心，也就是引力可以理解为将缩并黎曼曲率张量设定为零，是阿尔伯特·爱因斯坦一项惊世骇俗的领悟。但是只有当人们能够将公式的详细数学推论计算出来，看一看它作出的预测与牛顿引力论有何不同，然后通过实验验证哪个是正确的，这种论点才会得到接受。在三项了不起的实验中——星光经过太阳旁边时的偏折、离太阳最近的行星、水星的轨道进动、强星际引力场中谱线的红移——自然证实了爱因斯坦的正确。但是如果没有这些实验的验证，很少有物理学家会接受广义相对论。物理学中很多假说有着差不多的精彩和优雅，但是由于经不起实验的检验而遭到了抛弃。在我看来，如果这样的检验和抛弃假说的意愿能够成为社会、政治、经济、宗教和文化生活中的常态，人类的境遇将会得到极大改善。

我不知道科学领域里的重大进步有哪个不需要皮层两个半球的大量投入。艺术却并非如此。显然不会有这样的实验：有能力的、专注而没有偏见的观察者能够就哪些作品比较伟大达成共识。作为几百个例证中的一个，我想要指出的是，在 19 世纪晚期和 20 世纪早期，法国主要的艺术批评家、期刊和博物馆全都拒绝法国印象主义，而如今同样的机构却普遍认为这个派别的艺术家曾创作出杰作。说不定再过一个世纪，评论的风向会再次改变。

这本书本身是一次模式识别的运用，一次利用来自多种学科和神话的线索来理解人类智能性质与进化的尝试。这在相当大的程度上是右半球的活动，在我撰写本书的过程中，每每在午夜或凌晨被全新领悟带来的狂喜惊醒。但这些领悟是否可靠——我认为它们当中的很多还需要真正的审核——取决于我的左半球运转有多么良好（以及我是否因为不了解相反的证据而坚持了特定的观点）。在撰写这本书时，我常常被其作为元例证的属性而震惊：在概念和效果上，它都是其本身内容的呈现。

17 世纪，有两种截然不同的方法可用来描述两个数学量的关系：你可以写下一则代数方程，也可以画一条曲线。勒内·笛卡尔在发明解析几何时，证明了这两种数学观点的等效性。通过解析几何，代数方程可以转化为图形（顺便说一下，笛卡尔还是一位对脑功能区域化感兴趣的解剖学家）。解析几何对今天的十年级学生而言是常识，但在 17 世纪是一项伟大的发现。不过，代数方程是典型的左半球的创造，而规范的几何曲线作为一系列相关联的点组成的图形，是典型的右半球产物。从某种意义上来说，解析几何是数学中的胼胝体。如今很多学科要么互相矛盾，要么缺乏彼此的互动。在一些重要的实例中，它们是左半球和右半球观点的冲突。如今我们再一次急切地需要在表面上没有关联或者相互对立的学科之间建立笛卡尔似的关联。

我认为我们以及任何其他人类文化最重要的创造性活动——法律和道德系统、艺术和音乐、科学和技术——只有通过皮层左右半球的协作才能得以实现。这些创造性活动，哪怕并不多见，哪怕践行者寥寥，也已经改变了我们，改变了这个世界。我们或许可以说，人类的文化便是胼胝体的功能。

第八章
脑的进化

未来的事情才是危险的……文明的重大进步不过是毁灭它们生发其间的社会的过程。

阿尔弗雷德·诺思·怀特黑德

《观念的冒险》

智者的声音是柔软的，但是在被人听闻之前它是不会停止的。在遭受了无尽的挫折之后，它最终会取得胜利。这是人们可以对人类的未来保持乐观的几个理由之一。

西格蒙德·弗洛伊德

《幻象之未来》

人类的心智无所不能——因为任何事情都在人类的心智当中，所有的过去，以及所有的未来。

约瑟夫·康拉德

《黑暗之心》

　　人脑仿佛处于一种不稳定的停战状态下，小规模的冲突时有发生，甚至还有难得一见的战斗。存在倾向于特定行为的脑区并不意味着宿命论或者绝望：我们对每个脑区的相对重要性有着实质上的控制。解剖学无关天数，但也并非无关紧要。至少部分精神疾患可以被理解为竞争中的神经集团之间发生的冲突。各个部分相互之间的抑制你来我往。我们已经讨论过边缘系统和新皮层对爬虫脑的抑制，但是凭借社会的力量，可能也存在着爬虫脑对新皮层的抑制，以及皮层的一个半球对另一个的抑制（见图8-1）。

　　总体上讲，人类的社会没有革新精神，而是等级森严、墨守成规的。变革的提议会遭受质疑，它们暗示着老规矩和等级制度可能在未来面临令人不快的变数：一套新的规矩替代了另一套，或者社会结构更加简单，规矩更少。然而有些时候社会必须变革。"平静过往的教条应付不了狂风暴雨般的当下"是亚伯拉罕·林肯对这一真理的表述。重建美国和其他社会所面临的困难便来自在现状下既得利益集团的反抗。重大的改变可能需要那些在当前社会结构中身居高位者下行几步。这遭到了他们的讨厌以及抗拒。

　　但是有些变革，事实上是一些重大的变革，在西方社会正在显而易见地进行中——当然并不充分，但也超过了几乎所有其他社会。越是古老和静态的社会越是抗拒改变。科林·特恩布尔在他的著作《森林人》当中，曾对一名跛足俾格米女孩进行过生动的描写。当到访的人类学家向她提供一种令人耳目一新的技术创新——拐杖时，尽管它能够极大地缓解女孩的痛苦，但包括她的父母在内的成人都未对这项

图 8-1 人类思索着自己

现代解剖学创始人维萨留斯绘制。
资料来源：Courtesy—Library, The New York Academy of Medicine。

发明表现出兴趣。[1] 传统社会还有很多其他对创新不容忍的事例。而在列奥纳多、伽利略、德西德利乌斯·埃拉斯慕斯、查尔斯·达尔文或者西格蒙德·弗洛伊德的生活中，我们能找到各种各样相关的例子。

在静止的社会中，人们普遍接受传统主义：文化的形态经历了很多代人痛苦的进化，对社会的良好适应已经是人所共知的。就像突变一样，任何随机改变都倾向于降低适应性。同样和突变一样，若要适应新的环境，改变又必不可少。我们这个时代的大多数政治冲突都以两种倾向之间的紧张关系为标记。在一个外部的物理和社会环境快速变化的时代——比如我们的时代——顺应和接受改变意味着适应性，而处于静止环境中的社会则不然。在我们历史的大部分时期，猎人/采集者的生活方式都是适合人类的，而且我认为有确凿无误的证据表明，从某种意义上说，我们被进化设计得适应那种文化。一旦放弃了猎人/采集者的生活，我们便是放弃了我们这个物种的童年（见图8-2）。猎人/采集者和高科技文化都是新皮层的产物。如今我们不可逆转地走在了后一条道路上，但是需要一段时间才能够习惯。英国曾经产生过一些才华横溢的跨学科科学家和学者，人们常常称他们博物学家。在近代，这批人包括伯特兰·罗素、阿尔弗雷德·怀特黑德、约翰·霍尔丹、约翰·伯尔纳以及雅各布·布罗诺斯基。罗素曾经指出，这种天赋过人的个体的发展，需要一个

---

[1] 作为对俾格米人的辩解，我或许应当指出，我的一位曾经与他们在一起待过一段时间的朋友说，对于耐心地跟踪猎捕哺乳动物和鱼类这样的活动，他们的准备工作是用大麻麻醉自己，那样能够把对任何比科摩多龙高等的动物来说都乏味无趣的漫长等待至少变得还能够忍受。他说大麻是他们耕作的唯一作物。假如人类历史上，农业的发明乃至文明的出现普遍都是由大麻的种植促成的，那将会是一件令人啼笑皆非的趣事（在大麻的麻醉下，手举鱼叉耐心静立一小时的俾格米人，有着一些认真的戏仿者，那就是每年感恩节的时候，被啤酒灌得醉醺醺，用格子衣服做伪装，在附近的树林里跌跌撞撞，给美国的城郊带来恐怖的步兵们）。

图 8-2　一名狩猎者／采集者在追踪猎物的同时教育年轻人

作为我们这个物种几百万年来的特征，这样的生活方式在当代已经近乎绝迹。

资料来源：Photo by Nat Farbman, *Life*. Courtesy of Time-Life Picture Agency, © Time Inc。

从众压力极小甚至没有的童年、一个无论兴趣多么不寻常或者怪异，孩子都能够去开发和追求的时期。由于美国政府以及对等集团造成的社会一致性的巨大压力——在日本等国则更甚——我认为这样的国家产生的博物学家将相应减少。我还认为英国在这一方面也正处于严重的衰落中。

尤其在今天，人类面临着那么多困难和复杂问题，急切地需要发展广泛而有效的思考。应当有一种与各国都拥护的民主理想相容的方法，在人道和关怀的背景下鼓励格外有潜力的年轻人的智力发展。然而事实是，在大多数国家中的教育和考试系统内，我们都见到了教育过程中几乎是爬虫性的墨守成规。有时候我会好奇，美国当代影视作品中性与暴力的元素是不是反映了这样一个事实：爬虫脑在我们所有人身上都发育良好，而部分地由于学校和社会的压制性，很多新皮层功能则鲜有表现、少为人知，而且不被珍视。

作为过去几个世纪社会和技术巨大变迁的结果，世界的运转并不是一帆风顺的。我们并没有生活在一个传统和静止的社会中。但我们的政府却在假装如此，抗拒变化。除非我们彻底地毁灭自己，否则未来将属于那些在并不忽略我们这个物种身上爬行动物和哺乳动物属性的同时，让人性中典型的人类成分蓬勃发展的社会；属于那些鼓励多样性而非一致性的社会；属于那些愿意向多种社会、政治、经济和文化试验投入资源，并愿意为了长期利益牺牲短期好处的社会；属于那些把新思想看成通往未来的精巧、脆弱而又极有价值的道路的社会。

———————————

或许有一天对脑更加深入的了解还会影响到死亡的定义，以及对流产的接受等难缠的社会问题。西方当前的社会思潮似乎是，出于正当的目的杀死人类以外的灵长目动物是允许的，杀死其他哺乳动物更是无可厚非，但是（个人）在类似情况下杀死人类则不被允许。符合逻辑的推论是，人脑中的人类特质造成了这种差别。同样道理，如果新皮层的实质性部位仍有功能，昏迷的患者肯定可以被认为拥有人类意义上的生命，即便其他生理和神经功能都遭到了严重损伤。另一方面，其他机能全部正常但没有任何新皮层活动（包括睡眠时的新皮层活动）迹象的患者或许在人类意义上能够被描述为已经死亡。在很多这样的病例中，新皮层已经不可逆转地衰败，但是边缘系统、爬虫脑和下脑干却仍有功能，而且呼吸和血液循环等基础功能完好无损。我认为对人脑生理学尚需进一步的研究，才能对死亡形成依据充分且被广泛接受的定义，但是在得到这种定义的过程中，我们很可能要经历把新皮层看作脑的其他部分对立面的思考。

　　类似的想法也可能有助于解决 20 世纪 70 年代后期在美国愈演愈烈的堕胎大争论。论辩双方均投入了极度的狂热，拒绝考虑对方观点中的任何可取之处。一个极端观点是女性拥有"控制自己身体"的固有权利，而这权利据说包括了在多种情况下——比如心理上不情愿以及经济上无力养育子女时——放弃胎儿的生命。另一个极端观点是"生命权"的存在，声称哪怕在第一次胚胎分裂之前杀死一枚受精卵也是谋杀，因为受精卵具有成为一名人类的"潜力"。我认为这个议题已经被倾注了太多的情绪因素，以至于任何被提议的解决方案都不可能得到两个极端观点拥护者的欢迎，而有时候感情和理智会令我们得出不同的结论。然而，基于本书之前章节中的一些观点，我愿意至少尝试着提出一种合情合理的折中方案。毫无疑问，合法的堕胎避免了非法而且能力不足的"黑诊所"堕胎造成的悲剧和屠杀，而在一个其本身存续面临不受控制的人口增长威胁的文明中，随处可得的医学堕胎服务能够满足重要的社会需要。但是杀婴能够同时解决这两个问题，而且这个手段曾经被很多人类群落广泛采用，包括古希腊文明的一些分支，而古希腊被普遍认为是我们这个文明的文化先祖。杀婴在今天也应用广泛：在世界上很多地方，每四个新生儿中就有一个活不过一年。然而根据我们的法律和道德，杀婴是毫无疑问的谋杀。既然在孕期第七个月出生的早产儿与子宫里的七月龄胎儿没有任何重大区别，那么在我看来，这必然意味着至少发生在孕期最后三个月的堕胎是非常接近谋杀的。以最后三个月的胎儿仍然没有呼吸为由的反对意见是可疑的：杀死已经出生但还没有被剪断脐带或者喘第一口气的婴儿难道是被允许的吗？同样道理，如果我在心理上没有准备好与一名陌生人住在一起，比如在军营或者大学宿舍中，我并不因此有权杀死他，而且我对所缴税金某些用途的不满并不意味着我可以消灭那些收税者。公民自由的观点常常在这种问题上纠缠不清。人们常常会问，为什么我必须接受其他人在这个问题上的信念？不过那些并不支持禁止杀人的传统法令的人，社会还是要求他们无论如何都要遵守刑律。

　　而在讨论的另一个阵营，"生命权"这个短语是所谓"噱头词"的一个绝佳例子。它被提出来更多是为了煽动而非启发。今天的地球上，任何一个社会中都不存在生命权，之前也不曾有过（只有极为罕见的例外，比如在印度的耆那教徒当中）。我们养殖家畜和家禽是为了杀死它们；我们毁坏森林，把河流和湖泊污染得没有鱼类可以生存；我们把猎杀鹿和麋鹿作为健身方式，为了毛皮猎杀豹子，为了狗食猎杀鲸；我们用巨大的金枪鱼网缠住海豚，令它们喘息扭动；我们为了"数量控制"而将海豹幼崽棒击致死。所有这些动物以及植物都和我们一样生机勃勃。在很多人类社会中受到保护的并非生命，而只是人类的生命。而且即便存在着这种保护，我们还发动了"现代"战争造成巨大的平民伤亡，其惨烈程度令我们大多数人不敢仔细思量。往往我们还以种族或国家的名义贬低对手的人性，从而为这种大规模屠杀辩解。

　　同样的道理，关于成为人类"潜力"的论点在我看来尤为薄弱。

在适当的条件下任何人类卵子或者精子都有成为一个人的潜力。然而男性的自慰和梦遗都被普遍认为是自然的行为，并不会带来谋杀指控。一次射精排出的精子足以形成数亿名人类。另外，有可能在并不太远的将来，我们能够从捐献者身体的几乎任何一个部位取下一枚细胞并克隆出一个完整的人。如果那样的话，我身体里的每一枚细胞都有成为人类的潜力，只要它们被妥善保存到克隆技术已经实用化的年代。那么如果我刺破手指丢掉一滴血是不是便犯下了大规模谋杀的罪行？

上述问题显然都很复杂。同样显然的是，若要解决它们，多种受到珍视但相互冲突的价值观之间必须达成妥协。最关键的实际问题是确定胎儿什么时候成为一个人。这又取决于我们所说的人类是什么意思。显然仅仅具备人形还不够，因为以具备人形为建造目标的有机材料人工制品肯定不会被认为是人类。与此类似，不具备人形，但是道德、智力和艺术成就超越了我们的外星智能生命肯定应该成为我们禁止谋杀的对象。决定我们人性的不是我们的样子，而是我们的本质。我们禁止杀人的原因肯定是人类拥有的某种特质，某种我们格外珍视，但地球上罕有甚至不被其他生命享有的特质。它不可能是感受痛苦或者深刻情感的能力，因为很多被我们毫无意义地杀戮的动物显然也具备那种能力。

我相信这种基本的人类特质只能是我们的智能。如果是这样的话，人类生命特有的神圣不可侵犯便可以等同于新皮层的发育和运作。我们不能要求其达到完全的发育，因为那是出生好几年之后的事情。但或许我们可以把向人类的转变定位到新皮层开始活动之时，这可以通过对胎儿进行脑电检查来确定。通过最简单的胚胎学观察，人们对脑何时发展出独特的人类特征得到了一些领悟（见图8-3）。截至目前，这个领域的研究工作还开展得非常少，而在我看来，这样的探索

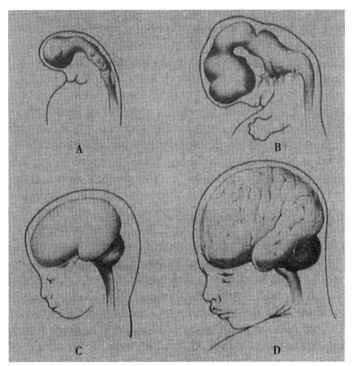

图 8-3　人脑的胚胎发育
图中 A 是怀孕 3 周后的情况；B 是 7 周后；C 是 4 个月后；D 是初生的婴儿。A
和 B 中的脑非常像是鱼脑和两栖动物脑。

对在堕胎争论中可接受折中方案的达成能够起到关键的作用。毋庸置疑，不同胎儿出现首次新皮层脑电信号的时间有早有晚，那么谨慎起见，典型的人类生命开始时间的法律定义应当有所偏向性，也就是说以最早表现出这种活动的胎儿为准。或许转变会被定义到孕期第三月末或者第四月初（这里我们所讨论的是在理性的社会中应当被法律禁止的事情：任何认为对更加早期的胎儿实施堕胎等同于谋杀的人，都没有执行或接受这种堕胎的法律义务）。

但是若要让这些思想得到一以贯之的运用，我们就必须避免人类沙文主义。如果有其他有机体拥有的智能可与一名略显迟钝但发育完全的人类相当，那么我们也应当保护它们不受到谋杀，程度至少相当于我们愿意施加于人类晚期胎儿的保护。由于海豚、鲸和猿拥有智能的证据至少已经有了一定的说服力，我认为任何在堕胎问题上连贯一致的道德立场起码都应该对没有必要地屠杀这些动物的行为进行严厉的指责。不过解决堕胎争论的终极关键似乎还是对产前胎儿新皮层活动的探索。

————————————

人脑的未来将会如何进化？大量证据表明，很多类型的精神疾病都是脑化学或者结构异常的结果，而且这些证据还在不断增加。既然很多精神疾病都拥有同样的症状，它们可能源于同样的异常，应当可以通过同样的手段得到治疗。

英国 19 世纪开创性的神经学家休灵斯·杰克逊说过："了解了梦的秘密，你也就发现了疯狂的秘密。"被严重剥夺梦境的人往往开始在白天出现幻觉。精神分裂症往往伴随着夜间睡眠障碍，但目前还不清楚它是原因还是结果。这种病症最引人注目的特点是患者一般都非常愁苦绝望。精神分裂症会不会是飞龙不再被安稳地禁锢在夜晚，而是突破了左半球的枷锁，突然出现在白天的结果？其他疾病或许源于右半球功能的障碍，比如强迫症患者很少被观察到有直觉冲动。

20 世纪 60 年代中期，哈佛医学院的莱斯特·格林斯普恩及其同事开展了一系列受控试验，检验精神分裂症多种治疗手段的相对价值。他们都是精神病专家，如果他们有任何偏向性，那也是偏向语言而非药物的应用。但是他们惊讶地发现，最近开发的镇静剂硫醚嗪（一组差不多同样有效的安定药吩噻嗪的成员之一）在控制——哪怕不是治愈——病情方面有效得多。事实上，他们发现，根据患者、患者亲属以及精神病专家的判断，仅仅硫醚嗪自己就和硫醚嗪配合精神疗法使用一样有效。在这样出人意料的发现面前，实验者们的诚实令人钦佩（很难想象有什么实验能够令很多政治或者宗教哲学信仰者相信他们的竞争者更具优势）。

最近的研究表明，大鼠和其他哺乳动物脑中天然存在的小型蛋白质分子内啡肽能够在这些动物身上引发显著的精神分裂紧张症症状：肌肉僵直和目光呆滞。精神分裂症一度占据了美国 1/10 的病房床位，而它的分子或者神经学成因仍未为人所知。但是说不定有一天我们会发现脑中造成这种异常的神经化学物质的精确位置或者种类。

格林斯普恩等人的实验造成了一个奇妙的医学伦理问题。镇静剂如今在对精神分裂症的治疗中是如此有效，以至于人们普遍认为拒绝向患者提供镇静剂是不道德的。结果是证明镇静剂有效的实验无法被重复。人们认为拒绝向患者提供针对其疾患最成功的治疗手段是一种不必要的残忍。因此便不会再有不被提供镇静剂的精神分裂症患者控制组。如果脑异常化学疗法的关键实验只能开展一次，那么它们在第一次便必须开展得非常完美。

这类化学疗法的一个更加引人注目的例子是碳酸锂在躁郁症治疗中的应用。根据来自患者本人以及其他人的报告，在小心控制剂量的前提下，摄入最轻也最简单的金属——锂，能够对这种痛苦难忍的疾病产生令人吃惊的改善。如此简单的疗法却有着如此显著的疗效，原因尚不明确，但这很可能与脑的酶化学物质有关。

一种非常奇怪的精神疾病是妥瑞氏综合征（和通常一样，其名字来自第一位注意到它的医师，而不是最有名的患者）。这种疾病众多的运动和语言障碍症状之一是患者有一种强烈的冲动，要以其运用最熟练的语言接连不断地说出污言秽语。医师称这种疾病的识别方法为"走廊诊断"：患者在短暂的医疗探访期间，能够以极大的困难控制住自己的冲动。当医师离开房间进入走廊，脏话立刻如决堤一般喷涌而出。脑中有一个专门制造"脏"词的地方（猿脑中可能也有）。

右脑能够处理的词汇很少——基本上只限于"你好""再见"以及一些脏话。或许妥瑞氏综合征影响的仅仅是左半球。剑桥大学的英国人类学家伯纳德·坎贝尔认为边缘系统与皮层右半球整合得较为完善。我们已经了解到，右半球比左半球更善于处理情感。且不论还含有其他什么内容，污言秽语确实携带着强烈的情感。然而妥瑞氏综合征虽然复杂，却似乎只是某种神经传递物质的缺乏，而且能够通过小心控制计量的氟哌啶醇缓解。

最近的证据表明，促肾上腺皮质激素和抗利尿激素等边缘系统激素能够极大提高动物保持和回想记忆的能力。如上这些以及与之类似的例子表明，通过改变小型脑蛋白的丰度或者控制它们的生产，我们有可能对脑功能做出实质性的改善，哪怕不是令其达到尽善尽美。这些例子也极大地缓解了精神疾病患者通常体验到的负罪感，而其他类型疾病——比如麻疹——患者是很少有这种负担的。

脑中那些引人注目的沟回和皮层折叠，以及脑在颅骨中塞得满满当当这一事实，都清晰地表明现有的颅腔很难再塞入更多脑组织了。由于骨盆和产道尺寸的限制，较大的颅骨以及脑直到最近才得以发展出来。但是剖宫产——两千年前十分罕见但是如今普遍得多——的出现确实使得更大的颅容量成为可能。另一项可能性是医疗科技的发达使胎儿可以全程在子宫外发育。然而，进化的速率是如此之慢，我们今天面临的问题都不大可能靠显著增大的新皮层和由此带来的更高智慧来解决。在那样一个时代到来之前，但也不是在最近的未来，有可能通过脑部手术改进脑中我们认为值得改进的部分，以及进一步抑制可能会令人类面临危险和矛盾的部分。但是脑功能的复杂与冗余决定了这样一种操作不会在最近的将来成为现实，哪怕社会有此需求。我们或许会在能够改造脑之前改造基因。

　　有时候人们认为这样的实验可能会向不道德的政府提供进一步控制其公民的工具，而这样的政府是有很多的。比如，我们可以想象一个政府往新生儿脑中的"快乐"和"痛苦"中枢植入几百个微型电极。这些电极能够通过无线电远程激活——或许是利用仅仅由政府掌握的频率或者接入码。孩子长大之后，如果他当日在工作配额与意识形态两方面完成了政府能够接受的工作，政府就可能刺激他的快乐中枢，否则就有可能刺激他的痛苦中枢。这是一种噩梦般的前景，但我认为这个论点并不应当用来反对对脑的电刺激实验，而是反对让政府控制医院。任何愿意让他的政府植入这种电极的人已经输掉了战斗，或许活该如此。因为在所有这样的技术噩梦中，关键的任务是预见可能性、教人们分辨合理的利用和误用，以及防止组织、官僚和政府的滥用。

　　现在已经存在着一系列精神及情绪调节药物，它们危险或温和的程度各有不同（其中乙醇是应用最广泛的，也是最危险的之一），作用于爬虫脑、边缘系统和新皮层的特定区域。如果目前的趋势延续下去，即便没有政府的鼓励，人们也会寻求这类药物的家庭合成及自我实验——这一行为代表了我们对脑及其病症和未开发的潜力略进一步的认识。

　　有理由认为，因为在化学结构上接近天然小型脑蛋白，很多生物碱和其他药物都能够影响行为。很多这样的小型蛋白作用于边缘系统，与我们的情绪状态相关。现在我们已经能够用任意指定的氨基酸序列制造小型蛋白质。因此，人类或许很快就能够合成多种多样的分子，用来诱发人类情绪状态——包括极为罕见的那些，比如说，有证据表明颠茄碱——毒芹、毛地黄、致命龙葵和曼陀罗的主要活性成分会引发飞翔幻觉。事实上，中世纪女巫在自己生殖器黏膜上涂抹的药膏正是以这些植物为主要成分。她们并没有像自己吹嘘的那样真的飞上了天空，其实只是受到了颠茄碱的愚弄。不过作为这样一种相对简单的分子能够引发的感受，生动的飞翔幻觉实在是极为明确的。或许还有很多小型蛋白质以后会被合成出来，产生未曾被人类感受过的情感状态。这是脑化学领域近期众多可能的进展之一，蕴含着巨大的潜力，而至于是福是祸，则要由主导、控制和应用这项研究的人的智慧决定了。

————————

当我离开办公室走进我的车时，我发现除非自己刻意决定，我总会把车开回家。当我离开家走进我的车，除非有意识地作出类似的决定，我的脑有一部分会把一系列事件安排好，让我最终抵达办公室。如果我搬家或者改变办公地点，经过一段短期的学习，新的地点会替代旧的，脑中控制这种行为的不管什么机制会适应新的坐标。这很像是脑有一个能够自我编程的部分，其工作方式就像一台数字计算机。遭受精神运动性发作的癫痫患者往往会从事完全类似的一系列活动，只不过可能会比我多闯几个红灯，但当发作消退之后却不会记得有过这些行为。当我们意识到上述事实，关于数字计算机的类比变得更加形象。这种下意识行为是颞叶癫痫的一种典型症状，也是我醒来之后头半个小时之内的特征。当然不是整个脑的工作方式都像是一台简单的数字计算机，比如负责重编程的那部分就很不一样。但是二者之间的相似性已经足以表明，在电子计算机和至少脑的一些部分之间，能够以神经生理学直接联合的方式，建立起一种协调的工作安排。

在黑猩猩脑中植入的电极与远程电子计算机之间，西班牙神经生理学家何塞·德尔加罗建立了能够工作的反馈回路。脑与计算机之间的通信通过无线电链接完成。电子计算机的小型化现在已经达到了这样的地步：这种反馈回路能够"硬件化"，而无需用无线电与远程计算机终端相连。比如说，完全有可能设计这样一种自主式反馈回路：当识别出癫痫即将发作的信号时，适当的中枢就会自动受到刺激以便阻止或者减缓发作。我们目前的发展水平还不足以让这一切成为稳定可靠的过程，但是那一天似乎已经不太遥远。

或许有一天我们可以给脑添加多种多样的认知和智能人造设备——就如同给意识戴上眼镜。这与脑过去的增量进化路数一致，而且可能远比试图重建现有的脑更加可行。或许有一天我们能够通过外科手术往脑中植入可替换的小型计算机模块或者无线电终端，并利用它们迅速而流畅地学会巴斯克语、乌尔都语、阿姆哈拉语、阿依奴语、阿尔巴尼亚语、怒族语、霍皮语以及海豚语；或者不完全函数和切比雪夫多项式的数值；或者关于动物足迹的自然历史；或者拥有浮岛所需的全套法律步骤；或者至少暂时地用无线电心灵感应术连接好几个人，形成一个不曾为我们这个物种所知的共生联合体。

但是人脑真正的扩展，尤其是针对新皮层特有的人类特征的扩展，已经处在了被实现的过程中。其中一些非常古老，我们都已经忘记了它们曾经发生过。孩童丰富而没有拘束的学习环境相当于一个潜力巨大而富有成果的教育工具。书面语言是一项值得一提的创造，本质上就如同一台简单机器，用于存储和获取相当复杂的信息。大型图书馆存储的信息量远超人类基因组或者人脑中的信息量。这些信息存储的效率当然不及生物系统，但也紧凑到了比较合理的程度，而且微缩胶卷、单片缩影胶片等技术的发展极大地增强了人类体外信息存储的能力。人类图书馆、艺术作品和其他文化机构存储的信息比特数在图 2-1 上对应的点要比图的右侧边缘还要高出 10 的很多次幂。

不过书写是一种非常简单的机制。电子计算机可以提供更加复杂、更有潜力的体外信息存储和处理方式。以下事实或有助于理解这种计算机及其程序的发展程度：它们能够以精湛的技艺玩三连棋，以世界级的水平玩西洋跳棋，以专家的水准玩国际象棋，而且能执行合格的心理疗法。现在有一种计算机系统能够把现场演奏的经典曲目或者其他旋律转化成传统乐谱。显然计算机的信息储量和信息处理速度都是惊人的。

麻省理工学院的约瑟夫·魏岑鲍姆开发的非指导式心理治疗程序是目前计算机心理医师程序可用性的一个绝好的例子(顺便说一下，这种程序远非现存最难以及最复杂的程序)。心理治疗程序被开发出来之后，一位人类心理医师被请来(通过交互台上的一个打字键盘)用小写输入与程序交谈，而程序用大写打印输出。研究者或许希望对话是探索性的，但人类一方完全有可能变得天马行空。交谈是从人类心理医师开始的。

患者（简称患）：医生，我有个坏消息。

心理医师（简称心）：你说你有个坏消息。

患：是的，麻省理工学院有个计算机程序会毁了我们。

心：你为什么这么说？

患：我见过它工作。

心：你说你见过它工作。

患：很吓人——你必须看看。

心：你认为我必须看看。

患：你听起来很沮丧。

心：在你的幻想里或许我们在对方听来都很沮丧。

患：是的，有可能。

心：我明白了。

患：我也明白了。

心：你说你也明白了。

患：有了那台计算机，我们都在一条船上。

心：我们接着谈谈你，可以吗？

患：你是个安慰。

心：什么让你认为我是个安慰？

患：在这种时候你想谈我。

心：你为什么认为我想谈你？

患：因为关于那台该死的计算机，你和我有一样的感受。

心：你由此得到什么启示？

患：当然是你也恨计算机。

心：你认为我也恨计算机。

患：为什么不恨呢，它们都算不上人，对吧？

心：大概这正是现在我们要查清的问题。

患：比如说没有计算机能像你这样谈话。

心：哦！

患：我不能理解为什么有人会被一台机器愚弄。

心：真的吗？

患：真的。毕竟计算机程序没有任何创造性。

心：你太消极了。

患：我确信我说得对。

心：你确信你说得对，这令你担忧吗？

患：不担忧，一点也不，根本不担忧。一点也不担忧。

心：你太消极了。

患：你说过你同意我，有没有。

心：你听我这样说过吗？

患：你为什么不试图反驳我呢——计算机摆弄数字，仅此而已。

心：你希望我试图反驳你？

患：你做不到。

心：你认为我做不到？

患：比如说，在这样的交谈中计算机能够提出新话题吗？

心：你似乎一直在避免提及你的父母。

患：正如同你现在这样做。

心：你认为我这样做了？

患：是的，这就是人和计算机的区别。

心：我明白了。

计算机心理医师不够老练，缺乏训练，没有感官和人类的直觉。它是机械性的（当然！）、僵硬的，对微妙的情感和非语言线索反应相对迟钝。然而，它在对话中表现得比很多人都聪明。它对"新话题"的反应令人震惊。但那个反应很可能只是机缘巧合。程序无疑被设计得对"母亲""父亲""父母"等词给予关注。当计算机的时钟运转了这么长时间，如果这些词还没有出现，根据设计，程序就会说出"你似乎一直在避免……"这样的话。这句话恰好在那个时候出现，给了人一种具备领悟力的怪异印象。

可是心理治疗不就是对治疗对象状况的一系列预先习得的复杂回应吗？心理医师不也经过了预先编程以给出特定的回应吗？非指导式的心理治疗显然只需要非常简单的计算机程序，而表现出领悟力也只需要稍微复杂一点的程序。我并不想用这些话来贬低心理医师的职业，而是想预测机器智能的到来。计算机目前的发展水平还没有高到让计算机心理治疗得到普遍应用。但是终有一天我们会拥有极有耐心、随处可得，至少对特定问题完全胜任的计算机治疗师，这个希望在我看来并不渺茫。目前已经存在的一些程序被患者给予了很高的评价，因为这些治疗师在治疗中被认为没有偏见，而且极为宽厚。

在美国，已经有人在研发能够探测和诊断自身故障的计算机。当检测到系统性的性能问题，出故障的模块就会自动被绕过或者替换。通过重复的运算，以及运行已知结果不受其他因素影响的程序，内部的连贯性将得到验证。修复将主要利用冗余模块来实现。现在已经有一些程序——比如在能下国际象棋的计算机中——能够向经验以及其他计算机学习。随着时间的推移，计算机会显得越来越聪明。一旦程序复杂得就连创造者也无法迅速预测其所有可能的反应，机器就会至少呈现出自由意志的表象，即便不是智能的话。就连"海盗号"火星登陆器上仅仅拥有 18 000 个词记忆的计算机也具备了这样一种复杂性：我们无法总是知道计算机收到一个指定命令之后会做些什么。如果我们知道，我们会说它"仅仅"或者"只不过"是一台计算机。当我们不知道，我们就开始疑心它是不是拥有真正的智能。这个情形很像是普鲁塔克和普林尼讲述过那则著名的动物故事之后，许多个世纪以来连绵不绝的评论。故事是这样的：人们看到一条狗跟随着主人的气味来到了一个有着三条去向的路口。它跑进最左边的路嗅了嗅，然后停下来沿中间的路走了一小段，又嗅了嗅，然后又转身回来。最后它根本没有嗅便欣快地跑进了最右边的路。

蒙田在评论这则故事时，认为它清晰地展现了狗的演绎式推理：我的主人走进了这几条路之一。不是左边的那一条，也不是中间的那一条，那必然是右边的那一条。我不需要靠嗅觉来证实这个结论，这个结论是由直截了当的逻辑推出的。

哺乳动物或许拥有这种推理能力，只不过可能表现得不太明显，这样的可能性令很多人感到困扰。早在蒙田之前，圣托马斯·阿奎那就曾经试图解读这则故事，只不过没有成功。他把这则故事看成一个警示性的例子，告诫人们实际上没有智能之物也有可能具备智能的表象。不过阿奎那没能对狗的行为给出另外一个令人满意的解释。在人类裂脑症患者身上，语言能力的不足背后显然进行着相当复杂的逻辑分析。

在机器智能领域，我们已经抵达了一个类似的位置。机器正在越过一个重要的界限：至少在某种程度上，它们会给不带偏见的人类留下拥有智能的印象。

由于人类沙文主义或者人类中心主义的作祟，很多人不愿承认这种可能性。但是我认为这是不可避免的。在我看来，意识和智能是纯粹的物质以足够复杂的形式排列的结果，并非对它们的贬低。恰恰相反，这是对物质的精妙与自然法则的礼赞。

这绝不意味着计算机将在不久的将来表现出人类的创造力、细致、敏锐或智慧。人类语言的机器翻译领域有一则经典但真实性存疑的例证。所谓机器翻译，便是输入一种语言——比如英语，输出另一种语言——比如汉语的文本。故事是这样说的，一个高级翻译程序完成之后，开发者自豪地请来一个代表团观看计算机系统展示，一位美国参议员也在代表团内。他们请参议员说一个用来翻译的短语，参议院很快便想出了一个："眼不见，心不烦（Out of sight，out of mind）。"机器尽忠职守，灯光闪烁地运转了一会儿，在一张纸上打印了几个汉字。但是参议员不认识中文。于是为了完成测试，程序反方向地运行了一次，输入汉字，输出英语短语。参观者围在第二张纸周围，上面的字引起了他们的困惑："看不见的白痴（Invisible idiot）。"

现在的程序在这种并不算太精妙的事情上也仅仅是勉强胜任。在我们目前的发展水平上，把重大的决定交给计算机是愚蠢的——这不是因为计算机还没有聪明到一定程度，而是因为就大多数复杂问题而言，它们得不到所有相关的信息。美国在越南战争期间依赖计算机决定政策和军事行动是滥用这种机器的恶例。但是在受到合理限制的背景下，人类对人工智能的应用似乎会是在不远的将来人类智能将取得的两个重要实用性进步之一。（另一个是儿童学前和学校学习环境的丰富。）

　　成长年代里没有计算机相伴的人往往更惧怕计算机。传说中不肯接受否和是作为答案，却能满足于收到一张 0 元 0 分支票的狂躁计算机出票员不应被看作所有计算机的代表。它是个起步阶段的低能计算机，它的错误其实是人类编程者的错误。在北美，集成电路和小型计算机在航空安全、教学机器、心脏起搏器、电子游戏、烟感火警和自动化工厂中越来越多的应用正在减轻这样一种新事物通常会带来的陌生感，而这些只是众多应用中的几个例子而已。今天全世界有大约 20 万台数字计算机。再过 10 年，这个数字可能会增长到几千万。一代人过后，我认为人们会把计算机当作生活中完全自然，或至少寻常的一部分。

　　就拿小型便携式计算机的发展来说，我的实验室里有一台桌子大小的计算机，那是 20 世纪 60 年代用研究拨款以 4 900 美元的价格购买的。我还有来自同一个制造商的另一款产品，一台能够拿在手中的计算机，购买于 1975 年。在包括编程能力和多地址存储在内的所有方面，新计算机都能够替代旧计算机。但它的价格只有 145 美元，而且还在以令人难以置信的速率降价。这是一个了不起的进步，体现在小型化和成本降低这两个方面，而时间只有六七年。事实上，当前便携式计算机的尺寸限制是，按键需要足够大，才能方便我们略显粗笨的手指去按。否则的话，这样的计算机可以很容易地造得比我们的指甲还小。事实上，建造于 1946 年的第一台电子数字计算机 ENIAC 含有 1.8 万个真空管，占据了一座大房间。如今一枚相当于我小指最短指节的硅芯片微型计算机便足以实现同样的计算能力。

　　这种计算机的电路里，信息传输的速度是光速。人类神经的传输比这慢一百万倍。在非数学运算方面，又小又慢的人脑仍然能够比又大又快的电子计算机胜任很多，这明显地证明了脑的布局和编程是多么巧妙——而这当然是自然选择带来的特征。那些脑编程质量不高的人最终没能活到生育年龄。

　　　　　　　　　　————————

　　计算机图形技术现在的先进程度已经足以在艺术和科学领域为皮层两个半球提供重要而新颖的学习体验。有些人具备极高的分析天赋，但是对空间关系——尤其在立体几何中的领悟和想象能力不足。我们现在拥有的一些计算机程序能够在我们眼前逐步构建复杂几何图形，并在与计算机相连的电视屏幕上旋转它们。

　　康奈尔大学建筑学院的唐纳德·格林伯格正在设计这样一个系统。利用这个系统，人们可以画一系列规律分布的空间线条，而计算机会把它们解读为轮廓等高线。接下来，通过用光笔点击屏幕上多个指令中的任何一个，我们可以命令计算机构建复杂的三维图形、放大或者缩小、朝给定方向延伸、旋转、与其他物体连接或者切掉指定部分（见图8-4）。这是一种不同寻常的工具，可以用来增强我们把三维图形可视化的能力，而这种能力在图形艺术、科学和技术中极为有用。它还是皮层两半球协同工作的绝好例子：计算机作为左半球的高级制品，教我们模式识别，而这是右半球的典型功能。

　　还有一种计算机程序能够展现四维物体的二维或者三维投影。随着四维物体的旋转或者我们视角的变化，我们不仅能够看到四维物体的新部分，还能看到整个几何子单元的合成与消灭。这个视觉效果

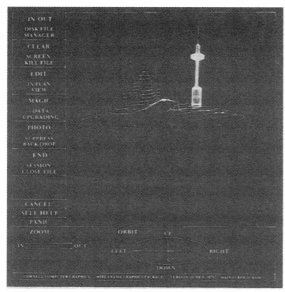

a）

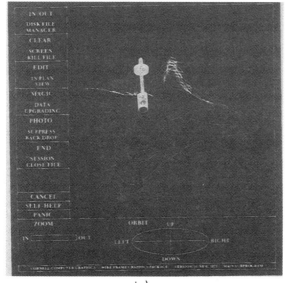

b）

每个形状都是各自通过使用"光笔"在电视屏幕上徒手画出轮廓而创建的。计算机将它们转化为任意视角下的海拔透视图——a图显示的是直接从这一手绘图形的一侧看去，b图显示的则要带点角度。塔被自动覆上了网状的外形轮廓，在b图中向读者倾斜。除了随意旋转和缩放，观察者还可以用"光笔"调取直方、透视、立体的动态图。

资料来源：

Program WIRE by Marc Levoy, Laboratory of Computer Graphics, Cornell University。

图 8-4　一个简单计算机图形程序的例子

奇异而富有教益，帮助我们大幅减轻了四维几何的神秘感。在我的想象中，一个虚构的二维生物遇到一个三维立方体在平面上的典型投影（两个拐角相连的方形）时会感受到的那种困惑，基本上不会再成为我们的问题了。美术创作中经典的透视问题，也就是三维物体在二维画布上的投影，在计算机图形技术的帮助下得到了极大的简化。对于描绘一座建筑的结构设计这样一个颇为实际的问题，计算机显然也是一个重要工具。它能以各种视角，将三维结构转变为二维图纸。

计算机图形如今也已经扩展到了游戏领域。有一个通常被称作《乒乓球》的流行游戏，在电视屏幕上模拟一枚在两个平面之间弹来弹去的理想弹性球。两名玩家各执一个手柄，通过它操作一块可移动的"球拍"挡球。如果球拍没有挡住球，对方就会得分。这个游戏非常有意思，玩家从中可以获得一个清晰的学习过程，专门体验到直线运动的牛顿力学第二定律。作为玩《乒乓球》的结果，玩家会对最简单的牛顿物理学获得一种深刻的直觉理解——甚至比台球运动能够提供的理解还要准确。在台球运动中，碰撞远非完美的弹性碰撞，球的旋转使更加复杂的物理规律牵涉其中。

这种类型的信息收集正是我们所谓的玩。玩的重要功能是：它令我们无须考虑任何未来特定的应用，就能够获得对世界的整体理解，而这种整体理解构成了对后来的分析行为的补充和准备。但是计算机让普通学生拥有了在其他地方完全无法获得的游戏环境。

游戏《太空战争》提供了一个更加有趣的例子。斯图亚特·布兰德曾经报道过这款游戏的发展以及精彩之处。在《太空战争》中，两方各控制一艘或多艘"太空飞船"，飞船能够相互发射导弹。飞船和导弹的运动都受到特定规则控制——比如说，一颗附近的"行星"产生的平方反比重力场。为了摧毁对手的飞船，你必须对牛顿万有引力建立起直观而又具体的理解。我们这些不经常从事行星间太空飞行的人并不容易对牛顿万有引力形成右半球的理解。《太空战争》能够弥补这个鸿沟。

　　《乒乓球》和《太空战争》这两款游戏表明，计算机图形的逐步精致已经可以让我们对物理定律获得经验和直观的理解。物理定律几乎总是以分析和代数——也就是左半球——的语言得以表述，比如说，牛顿第二定律写作 $F=ma$，平方反比重力定律则写作 $F=GMm/r^2$。这些分析性的表述极为有用，而且物体的运动能够以如此相对简单的定律描述，宇宙以这样的方式构成，显然是一件有趣的事情。但是这些定律仅仅是对经验的抽象。从根本上说它们仅仅是记忆策略。它们使我们能够以简单的方法记住大量事例，而这些事例若是单独记忆则会困难得多——至少从左半球所理解的记忆的意义上来说是如此。计算机图形让未来的物理学家和生物学家体验到大量自然定律所概括的事例，但是其最重要的功能大概是让那些并非科学家的人对自然定律的意义有了一个直观但也很深刻的了解。

　　很多非图形交互的计算机程序是极为强大的教学工具。这样的程序可以由第一流的教师设计。学生以一种有趣的方式，拥有了比在普通教室环境中更加个性化的一对一师生关系。他也可以按照自己的意愿放慢速度，而不必担心尴尬。达特茅斯学院在很多课程中采用计算机学习技术。比如，学生无需在实验室里花费一年时间杂交果蝇，利用计算机只要一个小时就能对孟德尔遗传学的统计规律获得深刻的领悟。另一个学生可以查验她采用不同的生育控制方式时怀孕的统计概率各是多少（这个程序内置了一个严格独身的女性百亿分之一的怀孕概率，用来应对超出当代医学知识的意外情况）。

　　计算机终端在达特茅斯学院是寻常之物。相当高比例的达特茅斯本科生不仅学会了使用这些程序，还能够自己编写程序。与计算机的互动被广泛视作玩乐而不是工作，很多学院和大学正在模仿并发展达特茅斯的实践。达特茅斯的校长约翰·凯梅尼是一位卓越的计算机科学家，也是一门非常简单的计算机语言 BASIC 的发明者。达特茅斯在这项创新方面的卓越成就正是与此有关。

劳伦斯科学馆是一座与加利福尼亚大学巴克利分校临近的博物馆。在它地下室一个不算太大的房间里摆满了十来个廉价的计算机终端，每一个都连接着位于同一座建筑另一处的一台分时微型计算机系统。使用这些终端的时间能够以适中的价格购买，而且可以提前预订一个小时。顾客主要是小孩子，其中最小的肯定不超过十岁。那里有一个非常简单的互动游戏《刽子手》。要想玩《刽子手》，你只要在一个普通的键盘上输入计算机代码"XEQ-$HANG"。计算机就会输出：

刽子手，要不要看看规则？

如果你输入"是"，机器就会回答：

猜一猜我正在想的那个单词中的一个字母。
如果你猜对了，我就会告诉你。但如果你猜错了（哈哈），你就离被吊死又近了一点（哼哼）！这个词有八个字母。你猜的是……？

好比说你输入了你的回答："E"。计算机就会输出：
－－－－－－－E
如果你猜错了，计算机就会（利用它能够处理的字符）输出一个人头的逼真影像。通常而言，这款游戏就是在逐步出现的单词和逐

图 8-5 约公元前 2150 年新苏美尔王朝时期拉格什城统治者古地亚的塑像

古地亚袍子上的楔形文字在当时得到了广泛应用。在那个又被称为乌尔第三王朝的时代，海上贸易兴盛，商业繁荣，出现了已知最早的法典——这一切最终都要归功于文化水平的急剧发展。

资料来源：The Metropolitan Museum of Art, Purchase, The Harris Brisbane Dick Fund, 1959. Reproduced by permission。

步出现的临刑者图像之间的一场竞赛。我最近观看的两场《刽子手》游戏中，正确的答案分别是"VARIABLE"和"THOUGHT"。如果你赢了，程序会忠实地表现出它那狰狞的邪恶嘴脸，输出一串键盘最上面一行的非字母字符（在漫画书中用来表示咒骂），接下来显示：

鼠辈，你赢了。
想不想再来一次死的机会？

其他的程序更加礼貌一些。比如说输入"XEQ-$KING"后会出现：

这里是古老的苏美尔王国，你是它崇高的统治者。苏美尔经济以及你的忠实臣民的命运完全掌握在你的手中。你的丞相汉谟拉比每年将向你呈上人口和经济方面的报告。你必须利用他提供的信息学会明智地为你的王国分配资源。有人正在进入你的议事厅……

接下来汉谟拉比会向你提供相关的统计数据，包括城市拥有多少土地；去年每亩地收获了多少蒲式耳粮食，多少又被老鼠糟蹋了，多少还储藏在粮仓里；现在的人口是多少；去年有多少人饿死，多少人移居到城里。他请求向你汇报当前土地换取粮食的汇率，询问你希望买多少土地。如果你要求得太多，程序就会输出：

汉谟拉比：请再考虑一下。你的粮仓里只有两千八百蒲式耳。

汉谟拉比原来就是一个极其耐心有礼貌的大维齐尔。随着时间一年年过去，你会获得一个强烈的印象：至少在特定的市场经济体制下，同时提高一个国家的人口和土地又要避免贫穷与饥饿可能是非常困难的。

其他程序中有一个叫作《汽车大奖赛》，允许你在多个对手中选择一个，驾驶着从 Model T 福特到 1973 年的法拉利在内的某款赛车与其竞赛。如果你在赛道上的某些地点速度或者加速过慢，你就输了；如果过快，你就会撞车。由于距离、速度和加速度都必须明确给出，不掌握一定的物理知识是绝无可能玩好这个游戏的。计算机互动学习课程能够有多少花样仅仅受到程序员才智的限制，而他们的才智是一个丰富的宝藏。

由于我们的社会受科学与技术的影响是如此巨大，而我们的公民大部分对此了解甚少，甚至一无所知，因此对于我们这个文明的存续而言，廉价的交互式计算机设施在学校和家庭中的广泛利用可能是至关重要的。

———————

对于便携式计算器和小型计算机的广泛使用，我听过的唯一反对意见是，如果过早地让儿童使用，它们就会妨碍儿童学习算术、三角，以及其他机器能够比学生做得更快、更精确的数学任务。这种争辩是有先例的。

在《柏拉图对话录·斐德罗篇》中——我之前关于战车、车夫和两匹马的隐喻正是引自此书，有一则关于透特的迷人神话，透特在埃及神话中就相当于普罗米修斯。在古埃及语言中，表示书面语的短语字面意义是"神的话语"。透特在与众神之王宙斯（又名阿蒙）讨论他对书写的发明[1]时，后者用这些话斥责他：

你的这些发现将在学习者的灵魂中制造忘性，因为他们将不再使用他们的记忆。他们将依赖身外的书面字符，而不再亲自记忆。你所发现的这件事物不是对记忆的帮助，而是对回忆的帮助。你给予门徒的不是真理，而仅仅是真理的外表。他们将会听到很多事情，但什么都学不到。他们将是令人生厌的陪伴者，显出智慧的样子但只是徒有其表。

我敢说宙斯的抱怨有一定道理。在我们的现代世界，目不识丁者有另一种方向感、另一种自持感以及另一种真实感。但是在书写被发明之前，人类知识被限定为一个人或者一个小团体能够记住的范围。偶尔就像《吠陀经》和荷马的两部伟大史诗那样，某个真正的信息载体得以保存。但是就我们目前所知，荷马那样的人太少。书写被发明之后，收集、整合和利用所有时代所有人民累积的智慧成为可能。人们能够掌握的知识不再限于他们自己以及直接相熟的人能够记起来的部分。读写能力使我们得以接触到历史上最伟大以及最有影响力的头脑：比如苏格拉底或者牛顿，他们的听众远远多于他们终其一生遇到的人数。口述传统经过很多代人不断地演绎，必然导致传播失真和原

---

[1] 根据古罗马历史学家塔西陀的说法，埃及人宣称他们把字母表传授给了腓尼基人，而腓尼基人"控制着海洋，又把字母表交给了希腊人，被当成了实为借来之物的发明者"。根据传说，字母表是随着提尔王子卡德摩斯抵达希腊的。众神之王宙斯化作公牛，将他的妹妹欧罗巴诱拐到克里特岛。卡德摩斯到希腊便是为了寻找她。为了防止欧罗巴又被偷回腓尼基，宙斯命人打造了一个青铜机器人。机器人迈着喧当作响的步伐巡视着克里特岛，遇到外来船只接近便以击沉的威胁迫其返航。卡德摩斯却在其他地方徒劳无功地寻找他的妹妹。在希腊，一条恶龙吞吃了他手下的所有人，但卡德摩斯杀死了这条龙，并按智慧女神雅典娜的指点将龙牙种在犁过的地垄沟里。每只龙牙都变成了一个勇士。卡德摩斯和他的手下建立了底比斯。这是希腊的第一座文明城市，却与古埃及的两座都城一同名。奇妙的是在一则传说中我们能够看到文字的发明、希腊文明的创立、最早关于人工智能的引述，以及人与龙之间连绵不绝的争斗。

初内容的逐步丢失。书面内容在重印的过程中，这样的信息衰减则要慢得多（见图 8-6）。

　　书籍可以得到稳定的储存。我们能够以自己的节奏阅读而不会打扰他人。我们可以重读晦涩的部分，或者重温特别令人开心的部分带来的愉悦。它们能够以相对较低的成本大批量生产。阅读本身是一件神奇的活动。你盯着源自树木的一个薄薄的、平平的物体，正像你现在正在做的那样，作者的声音开始响在你的脑际（你好）。书写被发明之后，人类知识和生存潜力都有了极大的提高（自持性也有进步：借助一本书，至少可以学习一门艺术或科学的入门知识，而不必仰仗附近有位可以师从的手工艺大师这种幸运的机缘巧合）。

　　归根结底，书写的发明不仅必须被视作一项卓越的创新，还应被看成人类的非凡福祉。在机器智能行将创生的今日（见图 8-7），对于设计计算机和程序的当代透特和普罗米修斯们，我相信我们也可

图 8-6　卡纳克神庙辛努塞尔特一世纪念碑上的早期埃及象形文字

资料来源：Hirmer Fotoarchiv München。

以说出同样的话，假如我们的生存长到足以明智地利用他们的发明。人类智能的下一个重要结构性发展很可能是有智慧的人类与有智慧的机器之间的协作。

图 8-7　微型计算机中的微处理单元，边长约半厘米

这是一块单晶硅上的集成电路，包含大约 5 400 个晶体管。

第九章
知识就是我们的命运：
地球与地外智能

宁静的时光悄然滑过……

威廉·莎士比亚

《理查三世》

人类所有疑问中的疑问，位于所有问题背后同时也比其他问题都更加有趣的问题，是确定人类在自然中的位置以及他和宇宙的关系。我们这个物种的来历，我们支配自然以及自然支配我们的力量各有哪些局限，我们生息繁衍的目标，对每一个出生在地球上的人类来说，都带着不曾消减的趣味重新呈现。

赫胥黎

1863 年

于是我终于回到了一开始提出的问题之一：寻找地外智能。尽管时常会有人提出首选的星际沟通渠道会是心灵感应，在我看来这最多只是个闹着玩的想法。不管怎样，心灵感应一丝一毫的证据都不存在，我还未曾在这颗星球上见到支持心灵感应传输的哪怕稍有说服力的证据。我们目前还没有能力进行意义重大的星际旅行，不过其他较为先进的文明或许有能力。尽管有种种关于不明飞行物和古代宇航员的说法，并没有严肃的证据表明我们曾经或者正在被拜访。

于是重任落在了机器头上。与地外智能的通信可以利用电磁波谱来实现，其中最有可能的是无线电波段，或者还可能利用引力波、中微子、仅仅是想象中的超光子（如果存在的话），或者某种三百年后才会发现的物理新概念。但是无论什么样的渠道都需要借助机器才能得以利用，而更加确切地说——假如我们在射电天文学方面的经验可资借鉴，我们需要的是由计算机驱动、或许可被我们认为拥有智能的机器。要想处理在 1 008 个不同频率上累积了很多天，而且每隔几秒钟甚至更短时间信息就可能有所不同的数据，视觉扫描记录是无法胜任的。这需要自动校正技术和大型电子计算机。我和康奈尔大学的弗兰克·德雷克最近在阿雷西博天文台开展的观测工作正是上述这番情形，而且当收听设备在不久的将来得到配备，这种情况只会更加复杂，也就是说更加依赖计算机。我们能够设计出极为复杂的接收和传输程序。幸运的话，我们将能够运用极为机智和优雅的策略。但是假如我们希望寻找地外智能，便免不了要使用机器智能的卓越能力。

今天的银河系中高级文明的数量取决于从每颗恒星带有的行星数量到生命起源的可能性在内的很多因素（见图 9-1）。但是一旦生命在某个相对温良的环境中出现，便拥有了几十亿年的进化时间，我们很多人由此会期待着智能物种的发展。进化路线当然会与地球上不一样。在这里发生过的一系列事件——包括恐龙的灭绝以及上新世与更新世森林的复苏——未必在整个宇宙的所有地方都会以同样的方式发生。但是应该会有很多等效的路线通往类似的最终结局。我们这颗星球上的全部进化记录，尤其是颅腔化石记录，表现出了逐步迈向智能的趋势。这没有什么神秘之处：聪明的有机体总体上比愚笨的生存

图9-1　莫里茨·科内利斯·埃舍尔绘制的《星》

状况更佳，留下的后代也更多。具体的细节显然要由环境决定，比如说，是不是掌握语言的非人灵长目动物都被人类消灭了，而沟通能力略差的大猿却被我们的祖先忽略。但是总体上的趋势似乎是相当清晰的，应该也适用于其他地方智能生命的进化。一旦智能生物掌握了技术以及消灭自己这个物种的能力，智能的选择优势便不确定了。

如果我们收到一条消息呢？有没有理由认为传送消息的生物——在与我们大不相同的环境中经历了亿万年的进化——必须与我们足够相像，他们的消息才能被我们理解呢？我认为答案必须是肯定的。一个传送无线电信号的文明必须至少了解无线电。消息的频率、时间常数和带通对于传送和接收的文明来说都是常识。这种情形可能有点像业余无线电爱好者。除了偶尔的紧急情况，他们之间的话题几乎总是集中于他们设备的机能：这显然是他们生活中共有的一项要素。

但是我认为形势远比这更有希望。我们知道自然规律——至少是其中的很多——普适于宇宙中的每一处。利用光谱学原理，我们能够在其他行星、恒星和星系中探测到相同的化学元素和相同的分子。谱线相同证明了各处的原子和分子吸收和发射辐射的机制都是一致的。我们能够观测到，远方的星系正迈着沉重的步伐缓慢地相互环绕，它们所遵循的万有引力定律也决定了我们暗淡的蓝色地球周围那些小小的人造卫星该如何运动。根据观测，其他地方的重力、量子力学和大量物理及化学规律都和地球上相同。

其他世界里进化出的智能有机体在生物化学方面可能与我们不同。从酶到器官系统的方方面面，几乎可以肯定他们进化出了迥异的适应性，来应对他们的世界的不同环境。但是他们最终还是肯定会掌握同样的自然规律。

自由落体定律在我们看来很简单。地球的引力造成一个恒定的加速度，落体的速度与下落时间呈正比，下落的距离与时间的平方呈正比。这些都是非常基本的关系。至少从伽利略开始，它们已经相当地深入人心。然而我们可以想象一个自然规律复杂得多的宇宙。但是我们并没有生活在那样一个宇宙中。为什么？我认为原因可能是，所有认为自己的宇宙非常复杂的有机体都死了。我们在枝杈间荡来荡去的树栖祖先当中，难以计算自己的轨迹的都没有留下太多后代。自然选择就像是一种智能滤网，产生了越来越善于处理自然规律的脑和智能。我们的脑和宇宙之间，被自然选择提炼出的这种共鸣或许能够解释爱因斯坦的一个困惑：宇宙最令人难以理解之处，便是它竟然能够被理解。

若果真如此，在其他进化出智能生物的星球上肯定也发生了与地球一样的进化筛选。没有飞行或者树栖祖先的地外智能可能没有我们这种对太空飞行的热情。但是所有行星的大气在可见光和无线电波段都是相对透明的——这是由宇宙中最丰富的原子和分子的量子力学性质决定的。因此，全宇宙的有机体应该都对可见光及 / 或无线电辐射敏感，而且在物理学发展之后，利用电磁辐射进行星际通信的想法应当是全宇宙的共识——也就是说整个银河系数不清的世界分别发现了基础天文学之后，各自独立发展起来的趋同思想，我们或许可以称之为生活的事实。我认为，如果有幸接触到其他一些这样的生物，我们会发现他们的生物学、心理学、社会学和政治看起来多半带着不同寻常的异域风情以及浓烈的神秘感。但若说到相互理解天文学、物理学、化学，或许还有数学的简单方面，我疑心我们是不会有什么困难的。

我肯定不会期望他们的脑在解剖学、生理学甚至化学方面与我们的近似。在不同的环境中，他们的脑必然经历了不同的进化。我们只需看一看地球上器官系统迥异的兽类，就能了解到脑的生理结构可以是何等的多样。比如非洲有一种淡水鱼——非洲电鱼，往往生活在幽暗的水中，很难依靠视觉探测猎食者、猎物或者交配对象。非洲电鱼发展出一种特殊器官，能够释放电场并且监控任何经过电场的生物。这种鱼的小脑覆盖了脑的整个后部，形成了厚厚的一层，很像哺乳动物的新皮层。非洲电鱼拥有截然不同的脑，然而在最基础的生物学意义上，它们的脑比任何智能外星生命的脑都更加接近我们的脑。

或许正如我们的脑一样，外星生命的脑也有几个或者很多部分曾经在进化的作用下经历了慢慢累积的过程。不同的部分之间大概也像我们的脑一样，存在着紧张关系，尽管在脑的各个部分之间实现长久和平的能力或许是成功而持久的文明的特点。几乎可以肯定的是，他们已经利用智能机器，在很大程度上将智力延伸到了体外。不过我认为，最终我们的脑与机器以及他们的脑与机器还是会互相充分了解的。

如果我们从高级文明接收到长篇幅信号，这将带来巨大的实际收益和深刻的哲学领悟。但是，收益有多大以及我们吸收它们有多快取决于消息的详细内容，而对此我们很难做出可靠的预测。不过有一个推论似乎是清晰的：接收到来自高级文明的消息将证明，高级文明不仅存在，而且有办法避开对正处于技术青春期的我们来说那么真实的自我毁灭风险。因此接收到星际消息会带来一个非常现实的益处，它在数学中叫作存在性定理——在这里是证明了拥有高技术的社会是有可能生存并繁荣的。知道解决方案的存在便极有助于对解决方案的寻找。这是其他地方智能生命的存在与地球上智能生命的存在之间，诸多有意思的联系之一。

　　尽管我们当前困境的唯一出路以及通往人类光辉未来（或者随便什么样的一个未来）的唯一途径是更多而非更少的知识和智能，在现实中这个观点却并未被所有人接受。政府往往看不清短期收益和长期收益的区别。最不可能以及表面来看不切实际的科学进步却带来了最重要的现实收益。在今天，无线电不仅是寻找地外智能的主要渠道，还是应答紧急情况、传送新闻、转播电话以及播放全球性娱乐节目的方式。然而无线电的出现是因为苏格兰物理学家詹姆斯·麦克斯韦在他提出的一套偏微分方程中发明的一个被其称为位移电流的术语。这套偏微分方程就是现在所说的麦克斯韦方程组。他提出位移电流的主要原因是，有了这个概念，方程会更加美观。

　　宇宙是复杂而优雅的（见图9-2）。我们通过最不可思议的途径榨取自然的秘密。社会当然希望能够谨慎地选择哪些技术——也就是科学的应用——应当被追求，而哪些应当被放弃。但是如果不资助基础性研究，不支持纯粹为了知识本身而获得知识，我们的选项就会被局限到危险的程度。一千位物理学家里面，只要有一位偶然发现像位移电流这样的东西，就能把对全部一千位物理学家的支持转化为对社会的丰厚投资。如果不对基础性科学研究进行富有远见、有力而持续的鼓励，我们就会处于啃老本的境地：这个冬天或许还不会挨饿，但是我们已经失去了撑过下一个冬天的最后希望。

　　在一个在某些方面类似当下的时代里，希波的奥古斯丁在度过了精力充沛而且学术上颇有建树的年轻时代之后，退出了感官与智力的世界，并且劝他人做同样的事情："有另外一种形式的诱惑，带着更大的危险。那就是好奇的疾病……是它驱使我们试图发现自然的秘密，发现那些超越我们理解力的秘密，那些对我们毫无益处而且人类根本不应该希望了解的秘密……在这个充满了陷阱和危险的密林，我已经退缩，远离了那些枝杈。在所有这些日常生活中不停地漂浮在我周围的事情当中，我从不对任何一个感到惊奇，从不被我想要研究它们的诚挚愿望所迷惑……我不再梦想着群星。"奥古斯丁去世时的430年，标志着欧洲黑暗时代的开端。

　　在《人类的攀升》的最后一章，布鲁诺斯基坦诚他哀伤地"突然发现自己在西方被丧失胆量和放弃知识的可怕感觉包围"。我认为

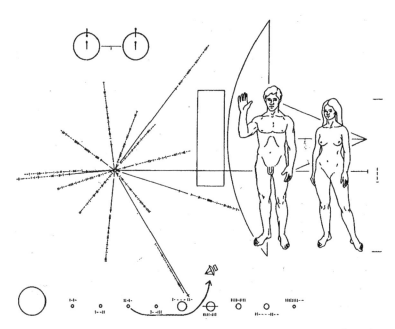

图 9-2　最早向星际空间进发的太空探测器先驱者 10 号和先驱者 11 号上装载的面板
这两块 6 英寸 ×9 英寸的镀金铝板采用希望能够被容易地理解的科学语言，记录了关于飞船建造者位置、生存年代、天性等方面的部分信息。相对于这两个宇宙汪洋中的漂流瓶，星际无线电能够携带更加丰富的信息。

他所说的，一方面是公共和政治团体对塑造了我们的生活和文明的科技理解和评价极为有限，另一方面还有不同形式的边缘、民间——或者说伪科学、神秘主义和巫术日渐流行。

如今的西方（而非东方），人们对含糊其词、八卦性的而且往往明显不实的教义正在恢复兴趣。这些教义如果正确，则至少预示着一个更加有趣的宇宙，但如果错误，则意味着智力方面的粗心大意、对现实的忽视以及无助于我们生存的精力耗散。这些教义包括占星学（主张当我在一座封闭建筑内出生时，一千亿英里外的星星中有哪些正在升起会深刻地影响我的命运）、百慕大三角区"迷案"（很多版本都主张一个不明飞行物居住在百慕大的洋底，吞吃过往的船只和飞机）、关于飞碟的普遍说法、对古代宇航员的信仰、鬼魂摄影术、金字塔传说（包括我的剃须刀在纸板拼成的金字塔中要比在纸板箱子中更能保持锋利的说法）、山达基教、先兆与基尔亮摄影术、天竺葵的情感生活和音乐喜好；通灵疗法；地平说、当代预言书、远程刀具弯曲、星图预测、维利科夫斯基灾变论、亚特兰蒂斯和姆大陆、唯灵论、不顾人在生化和脑生理学方面与其他动物的深刻联系，主张人是一个或多个神的特别创造的学说。这些教义中有一些或者存在着真理的要点，但是它们得到的广泛接受表明严密思考和怀疑态度的缺失，以及用愿望来替代实验的需求。总体上来讲，如果我可以使用这个短语的话，这些都是产自边缘系统和右半球的教义，是梦境的记录，是人类对于我们栖居的复杂环境的自然（这是个多么合适的词）反应。但它们也是神秘而超自然的教义，被设计得无法证伪，以拒绝理性讨论为特征。作为对照的是，通往光明未来的道路几乎可以肯定要通过新皮层的全面运转——当然理性要与直觉结合，要与边缘系统和爬虫脑配合协作，但无论如何理性是不可或缺的，要对这个世界的真相进行勇敢无畏的探索。

实质性的智能直到宇宙日历的最后一天才出现在地球上。皮层两个半球的协调是自然赋予我们的生存工具。如果我们不能充分而创造性地利用我们的智能，我们的生存便希望渺茫。

"我们是科学文明，"雅各布·布鲁诺斯基说，"也就是说一个知识及其完整性至关重要的文明。科学一词在拉丁语中是知识的意思：知识就是我们的命运。"

鸣　谢

写一本主题与自己受到的主要专业训练相去甚远的书，往好了说也是一种鲁莽的行为。不过正如我曾经解释过的，这样做的诱惑无法抗拒。如果说这本书尚有可取之处，绝大部分也要归因于书中描述过的基础性研究的实施者们，以及拨冗阅读并回应我的观点的生物及社会科学专家们。以下人士的批评性意见和富有启发的探讨令我受益匪浅：已故的路易斯·里奇和汉斯卢卡斯·托伊贝尔，以及约书亚·莱德伯格、詹姆斯·马斯、约翰·爱森伯格、伯纳德·坎贝尔、莱斯特·格林斯普恩及大卫·格林斯普恩夫妇、斯蒂芬·杰伊·古尔德、威廉·迪蒙特、杰弗里·伯恩、菲利普·莫里森、查尔斯·霍基特、欧内斯特·哈特曼、理查德·格利高里、保罗·罗辛、乔恩·隆伯格、提摩西·菲里斯，特别是保罗·麦克莱恩。他们当中很多人，以及兰登书屋的编辑安妮·弗里德古德和定稿编辑南希·英格里斯，不辞辛苦地阅读了本书较为早期的草稿，对此我深表感激。或许毋庸赘述，他们对我的见解以及其中可能发现的任何错误原本毫无责任。感谢琳达·萨根和萨利·福布斯进行图片搜索；感谢几位同事在发表之前预先打印了几份科学报告；感谢唐·戴维斯绘制了本书英文版封面，这一封面无意如实刻画地球历史中任一特定年代，而是意图隐喻前文表达过的一些思想。如果没有康奈尔大学的休假制度，有些工作便不可能完成。我还要感谢多伦多大学的特雷纳、西尔弗曼、拉姆斯登以及该校新学院院长安德鲁·贝恩斯的热情招待。第一章的大量内容已经被刊载于《自然历史》杂志。本书中的一些思想最早出现于马萨诸塞州精神健康中心和哈佛大学医学院精神病学系的一次联合研讨会上，以及路易斯·里奇基金会在加利福尼亚理工学院发表的一场演说中。玛丽·罗斯的打字技能及谢丽·阿尔登对前后数稿细心的誊写亦对本书的出版贡献巨大。

关键术语

读取 Accessing 计算机术语，表示与存储在其他位置的信息进行联系。

失读症 Alexia 理解书面或印刷词句能力的减弱或丧失。请参照失语症。

杏仁核 Amygdala 边缘系统中一个杏仁状的组成部分，与新皮层的颞叶相邻。

立体图像 Anaglyph 对三维图像的二维立体表现。最常见的是由红、绿两色的点组成，用红、绿眼镜观看。

前连合 Anterior 一个相对较小的神经纤维束，连接新皮层的左右大脑半球。请参照胼胝体。

失语症 Aphasia 一般是指通过任何形式的语言来表达思想的能力的减弱或丧失。它有时被更狭义地用来表示不能识别口语。请参照失读症。

比特 Bits 二进制信息的单位。一个比特是一个"是否"问题的答案。

脑干 Brainstem 见"后脑"。

布洛卡区 Broca's Area 新皮层的一部分，与语言密切相关。

缓冲释放 Buffer 读取或处理暂时存放在短期记忆中的信息。

小脑 Cerebellum 脑位于头后部的一个部分，在后脑皮层的下方、在后脑中脑桥和延髓的上方。与新皮层一样，它有两个半球。

大脑皮层 Cerebral Cortex　人类和高等哺乳动物大脑半球的最外层，主要负责我们特有的人类行为。有时与新皮层同义。

鲸目 Cetacea　水生哺乳动物的一个目，包括鲸和海豚。

染色体 Chromosomes　含有基因的遗传物质长链，完全由核酸组成。

胼胝体 Corpus Callosum　作为大脑皮层左、右半球之间主要连接通路的大连合，或者说神经纤维束。

开颅术 Craniotomy　切割或切除部分颅骨，一般作为脑外科手术的先行步骤。

DNA　脱氧核糖核酸。见"核酸"。

电极 Electrode　一种固体电导体，电流在其中移动。脑电图仪通过其电极感应到大脑中的电流。

脑电图仪（EEG） Electroencephalograph　由放大器和一支在旋转鼓轮上自动书写的笔组成的设备，用于记录由连接在头部表面的电极传导至该设备的脑内电流。它对医疗诊断和大脑功能的研究很有用。

颅腔模型（铸模） Endocast　一个化石脑壳内部的铸模。

内啡肽 Endorphins　脑内产生的小型蛋白，可以诱发动物的各种情绪或其他状态。

均质 Equipotent　具有同等能力，特别是指对于某些认知或其他功能，大脑的任何部分都可以替代任何其他部分的观点。

非遗传信息 Extragenetic　在基因之外携带的信息———一般是在大脑和文化中。

体外信息 Extrasomatic information　在身体之外携带的信息（例如，书籍的内容）。

前脑 Forebrain 脊椎动物脑的三个主要部分中最晚演化出的部分。它又分为爬虫脑、边缘系统和新皮层。

额叶 Frontal lobe 新皮层大体上位于额头下的部分。

配子 Gametes 能够参与受精的成熟精子或卵子。它们含有单倍体数量的染色体。

脑回 Gyrus 新皮层表面突出的圆形隆起。

单倍体 Haploid 染色体的数量等于普通体细胞中染色体数量的一半。例如，人类每个体细胞有 46 条染色体，但每个配子有 23 条染色体。

后脑 Hindbrain 脑最古老的部分，包括脑桥、小脑、延髓和脊髓的上部。它也被称为"脑干"。

海马连合 Hippocampal Commissure 一束相对较小的神经纤维，连接大脑皮层的左右半球，靠近海马体。参见胼胝体。

海马体 Hippocampus 边缘系统中与记忆有关的一个结构。

下丘脑 Hypothalamus 边缘系统中位于丘脑下方的一部分，具有帮助调节体温和新陈代谢过程等功能。

偏侧性 Lateralization 两侧——特别是新皮层的左半球和右半球——的功能分离。

边缘系统 Lesion systems 前脑的一部分，在位置和古老程度上介于爬虫脑和新皮层之间。

新皮层的叶 Lobes of the Neocortex 见"额叶""枕叶""顶叶"和"颞叶"。

脑叶切除术 Lobotomy 对新皮层的某个脑叶进行手术切口或损伤。

脑功能的区域化 Localization of Brain Function 对脑的特定部分执行特定功能的发现。与均质假说相反。

长期记忆 Long-term Memory　保留了相当长的时间——例如，超过一天——的记忆。

延髓 Medulla oblongata　脑与脊髓连接的那个部分。它是后脑的一部分。

小头畸形 Microcephalic　头部异常小的人。这种症状往往与明显的精神障碍相关。

中脑 Midbrain　脊椎动物脑的中间区域，在后脑和前脑之间。

运动皮层 Motor Cortex　新皮层中与四肢的运动和协调有关的部分。

突变 Mutation　染色体核酸的可遗传变化。

自然选择 Natural Selection　生物演化的主要途径，最早由达尔文和华莱士描述。偶然比竞争对手更好地适应其环境的生物体将具备生存和繁殖上的优势。

新皮层 Neocortex　大脑皮层的最外层、进化过程中的最新部分。有时被用作大脑皮层的同义词。

神经基架 Neural Chassis　脊髓、后脑和中脑的组合。

神经元 Neuron　一个神经细胞，神经系统的基本单位，也是大脑的基本组件。

生态龛位 Niche'Ecological　一个生物体在自然界中的角色。

核酸 Nucleic Acids　地球上所有生命的遗传物质，由被称为"核苷酸"的单元的阶梯状序列组成，通常以双螺旋方式排列。核酸有两个主要种类：DNA 和 RNA。

核苷酸 Nucleotide　核酸（参见）的基本组件。

枕叶 Occipital lobe　新皮层大约在头骨背面下方的部分。

嗅觉球结 Olfactory bulbs　附着在前脑前面的脑组织，在感知气味方面发挥着重要作用。

顶叶 Parietal lobe 新皮层中大体上位于每个大脑半球中间的部分。

垂体 Pituitary "主控"内分泌腺,位于边缘系统,但靠近中脑,影响生长和其他内分泌腺的运作。

可塑性 Plasticity 被塑造或影响的能力,特指从外部环境中学习的能力。

脑桥 Pons 连接延髓和中脑的神经桥。它是脑干的一部分。

预置 Prewired 计算机行话,指已经就位的信息,预置的信息越多,可塑性就越小。

首要过程 Primary Processes 精神分析学术语,指大脑的基本无意识功能。

灵长目 Primates 哺乳动物的一个目(分类学类目之一),包括狐猴、猴、猿和人类。

蛋白质 Proteins 连同核酸一起,是地球上生命的主要分子基础。蛋白质是由叫作"氨基酸"的组成单位构成的,通常经过了精致而复杂的折叠和盘绕。一些蛋白质的整体形状是球形的,而另一些则像是独立的非表现主义雕塑。所有控制细胞内化学反应速度的酶都是蛋白质。酶的合成和激活是由核酸控制的。

精神运动 Psychomotor 与肌肉过程的精神控制有关。

爬虫脑 R-complex 前脑进化过程中最古老的部分。

复现 Recapitulation 在生物个体的胚胎发育过程中,对该物种过去的进化阶段的明显重复。

快速眼动 REM 快速的眼球运动,特别是那些在睡眠有梦阶段发生在眼睑下的运动。因此也是这种睡眠的特征。

RNA 核糖核酸。参见"核酸"。

选择压力 Selection Pressure 在进化论中,环境对一组特定遗传特征生存和繁殖机会的影响。

短期记忆　Short-term Memory　保留时间很短的记忆，例如，不到一天内的记忆。

突触　Synapse　两个神经元的连接处，电脉冲从一个神经元传到另一个神经元的位置。

类群　Toxon　根据共同特征分类的一组生物，范围小可至种和亚种等小区别，大可到植物界和动物界之间的分野。

颞叶　Temporal lobe　新皮层大约位于头盖骨太阳穴下的部分。

丘脑　Thalamus　边缘系统靠近脑中心的一部分，其功能包括将感觉刺激复制到新皮层等。

三重脑　Triune brain　最近由保罗·麦克莱恩主张的观点，他认为前脑包括三个分别进化的、在某种程度上独立运作的认知系统。

参考文献

ALLISON,T.,and D.V.CICCHETTI Erri. "Sleep in Mammals: Ecological and Constitutional Correlates." *Science*, Vol. 149,pp.732–734,1976.

AREHART–TREICHEL,JOAN. "Brain Peptides and Psychopharmacology." *Science News*, Vol. 110, pp. 202–206, 1976.

ARONSON, L. R., E.TOBACH,LEHRMAN, D. S., and J. S. ROSENBLATT, eds. *Development and Evolution of Behavior: Essays in Memory of T. C.Schneirla.* W.H. Freeman, San Francisco, 1970.

BAKKER, ROBERT T. "Dinosaur Renaissance." *Scientific American*, Vol. 232, pp. 58–72 *et seq.*, April 1975.

BITTERMAN, M. E. "Phyletic Differences in Learning." *American Psychologist*, Vol. 20, pp. 396–410, 1965.

BLOOM,F.,D.SEGAI,N.LING and R.GUILLEMIN. "Endorphins: Profound Behavioral Effects in Rats Suggest New Etiological Factors in Mental Illness." *Science*, Vol. 194, pp.630–632,1976.

BOCEN, J.E. "The Other Side of the Brain.II. An Appositional Mind." *Bulletin Los Angeles Neurological Societies*, Vol. 34, pp.135–162,1969.

BRAMLETTE,M.N. "Massive Extinctions in Biota at the End of Mesozoic Time." *Science*, Vol. 148, pp.1696– 1699,1965.

BRAND, STEWART. *Two Cybernetic Frontiers*. Random House, New York, 1974.

BRAZIER, M.A.B.*The Electrical Activity of the Nervous System*. Macmillan, New York,1960.

BRONOWSKI, JACOB. *The Ascent of Man*. Little, Brown, Boston, 1973.

BRITTEN, R.J.,and E.H.DAVIDSON. "Gene Regulation for Higher Cells: A Theory." *Science*,Vol. 165, pp.349–357,1969.

CLARK,W. E.LEGROS. *The Antecedents of Man: An Introduction to the Evolution of the Primates*. Edinburgh University Press, Edinburgh,1959.

COLBERT, EDWIN. *Dinosaurs: Their Discovery and Their World*. E. P. Dutton, New York, 1961.

COLE, SONIA. *Leakey's Luck: The Life of Louis S. B. Leakey*. Harcourt Brace Jovanovich, New York,1975.

COPPENS, YVEs. "The Great East African Adventure." *CNRS Research*, Vol. 3, No. 2, pp. 2– 12,1976.

COPPENS, YVES,F.CLARK HOWELL, GLYNN LL.ISAAC,and RICHARD E.F.LEAKEY,eds. *Earliest Man and Environments in the Lake Rudol Basin: Stratigraphy, Palaeoecology and Evolution*. University of Chicago Press, Chicago,1976.

CULLITON, BARBARA J. "The Haemmerli Affair:Is Passive Euthanasia Murder?" *Science*, Vol. 190, pp. 1271–1275,1975.

CUTLER, RICHARD G. "Evolution of Human Longevity and the Genetic Complexity Governing Aging Rate." *Proceedings of the National Academy of Sciences,* Vol. 72, pp. 4664–4668,1975.

DEMENT,WILLIAM C. *Some Must Watch While Some Must Sleep*. W.H.Freeman, San Francisco,1974.

DERENZI, E.,FAGLIONI,P.,and H.SPINNLER. "The Performance of Patients with Unilateral Brain Damage on Face Recognition Tasks." *Cortex*, Vol. 4, pp. 17–34,1968.

DEWSON,J.H. "Preliminary Evidence of Hemispheric Asymmetry of Auditory Function in Monkeys." In *Lateralization in the Nervous System*, S. Harnad, ed. Academic Press, New York,1976.

DIMOND, STEWART,LINDA FARRINCTON and PETER JOHNSON. "Differing Emotional Responses from Right and Left Hemispheres." *Nature*, Vol. 261, pp. 690–692, 1976.

DIMOND, S. J., and J. G. BEAUMONT, eds. *Hemisphere Function in the Human Brain.*Wiley, New York, 1974.

DOBZHANSKY, THEODOSIUS. *Mankind Evolving: The Evolution of the Human Species.* Yale University Press, New Haven, Conn., 1962.

DOTY, ROBERT W. "The Brain." *Britannica Yearbook of Science and the Future*, Encyclopaedia Britannica, Chicago, 1970, pp.34–53.

ECCLES, JOHN C. *The Understanding of the Brain.* McGraw–Hill, New York,1973.

ECCLES, JOHN C., ed., *Brain and Conscious Experience.* Springer–Verlag, New York, 1966.

EIMERL,SAREL, and IRVEN DEVORE. *The Primates.* Life Nature Library,Time, Inc., New York,1965.

FARB,PETER. *Man´s Rise to Civilization as Shown by the Indians of North America from Primeval Times to the Coming of the Industrial State.* E. P. Dutton, New York,1968.

FINK, DONALD G. *Computers and the Human Mind: An Introduction to Artificial*

Intelligence. Doubleday Anchor Books, New York, 1966.

FRISCH, JOHN E. "Research on Primate Behavior in Japan." *American Anthropologist*, Vol. 61, pp. 584–596,1959.

FROMM,ERICH. *The Forgotten Language: An Introduction to the Understanding of Dreams, Fairy Tales and Myths.* Grove Press, New York,1951.

GALIN,D., and R.ORNSTEIN. "Lateral Specialization of Cognitive Mode: An EEG Study." *Psychophysiology*, Vol.9, pp.412–418,1972.

GANTT,ELISABETH. "Phycobilisomes: Light–Harvesting Pigment Complexes." *Bioscience*, Vol. 25, pp.781–788, 1975.

GARDNER,R. A., and BEATRIX T. GARDNER. "Teaching Sign Language to a Chimpanzee." *Science*, Vol. 165, pp.664–672,1969.

GAZZANICA, M.S. "The Split Brain in Man." *Scientific American*,Vol. 217, pp. 24–29, 1967.

GAZZANICA, M. S. "Consistency and Diversity in Brain Organization." *Proceedings Conference on Evolution and Lateralization of the Brain, Annals of the New York Academy of Sciences*, 1977.

GERARD, RALPH W. "What Is Memory?" *Scientific American*, Vol. 189, pp.118–126, September 1953.

GOODALI, JANE. "Tool–Using and Aimed Throwing in a Community of Free-Living Chimpanzees." *Nature*, Vol.201, pp. 1264–1266,1964.

GOULD, STEPHEN JAY. "This View of Life: Darwin's Untimely Burial." *Natural History*, Vol. 85, pp. 24–30, October 1976.

GRAY, GEORCE W. "The Great Ravelled Knot." *Scientific American*. Vol. 179, pp. 26–39, October 1948.

GRIFFITH, RICHARD M,MIYAGI,OTOYA, and TAGO, AKIRA. "The

Universality of Typical Dreams: Japanese vs. Americans." *American Anthropologist*, Vol. 60, pp. 1173–1179,1958.

GRINSPOON,LESTER, EWAIT, J. R.,and R.L.SCHADER. *Schizophrenia: Pharmacotherapy and Psychotherapy.* Williams & Wilkins: Baltimore,1972.

HAMILTON,C. R. "An Assessment of Hemispheric Specialization in Monkeys." *Proceedings Conference on Evolution and Lateralization of the Brain, Annals of the New York Academy of Sciences,*1977.

HARNER, M.J,ed. *Hallucinogens and Shamanism.* Oxford University Press,London, 1973.

HARRIS, MARVIN. *Cows,Pigs, Wars and Witches: The Riddles of Culture.* Random House, New York, 1974.

HARTMANN, ERNEST L. *The Functions of Sleep.* Yale University Press, New Haven, Conn., 1973.

HAYES, C. *The Ape in Our House.* Harper, New York, 1951.

HERRICK,C. JUDSON. "A Sketch of the Origin of the Cerebral Hemispheres." *Journal of Comparative Neurology*, Vol. 32,pp.429–454,1921.

HOLLOWAY, RALPI L. "Cranial Capacity and the Evolution of the Human Brain." *American Anthropologist*, Vol. 68, pp.103–121, 1966.

HOLLOWAY,RAIPH L. "The Evolution of the Primate Brain: Some Aspects of Quantitative Relations." *Brain Research*, Vol.7, pp.121– 172, 1968.

HOWELI,F. CLARK.*Early Man.* Life Nature Library, Time, Inc., New York, 1965.

HOWELLS, WILLIAN. *Mankind in the Making: The Story of Human Evolution.* Rev.cd. Doubleday, New York, 1967.

HUBEL, D. H., and WIESEL, T.N. "Receptive Fields of Single Neurones in the Cat's Striate Cortex." *Journal of Physiology*, Vol. 150, pp.91–104,1960.

INGRAM, D. "Cerebral Speech Lateralization in Young Children." *Neuropsychologia*, Vol. 13, pp. 103–105, 1975.

JERISON, H. J. *Evolution of the Brain and Intelligence*. Academic Press, New York, 1973.

JERISON,H.J. "The Theory of Encephalization." *Proceedings Conference on Evolution and Lateralization of the Brain, Annals of the New York Academy of Sciences*, 1977.

KELLER, HELEN. *The Story of My Life*. New York, 1902.

KORSAKOV, S. "On the Psychology of Microcephalics [1893]." Reprinted in the *American Journal of Mental Deficiency Research*, Vol. 4, pp. 42–47,1957.

KROEBER, T. *Ishi in Two Worlds*. University of California Press, Berkeley, 1961.

KURTEN, BJORN. *Not from the Apes: The History of Man's Origins and Evolution*. Vintage Books, New York, 1972.

LA BARRE, WESTON. *The Human Animal*. University of Chicago Press, Chicago, 1954.

LANCER, SUSANNE. *Philosophy in a New Key: A Study in the Symbolism of Reason, Rite and Art*. Harvard University Press, Cambridge, Mass,,1942.

LASIILEY, K. S. "Persistent Problems in the Evolution of Mind." *Quarterly Review of Biology*, Vol. 24, pp.28–42, 1949.

LASHILEY, K. S. "In Search of the Engram. " *Symposia of the Society of Experimental Biology*, Vol.4, pp. 454– 482,1950

LEAKEY,RICHARD E. "Hominids in Africa. " *American Scientist*, Vol. 64, No. 2, p. 174,1976.

LEAKEY, R.E.F, and A.C.WALKER. "*Australopithecus, Homo erectus and the Single Species Hypothesis.*" *Nature*, Vol. 261, pp.572–574,1976.

LEE, RICHARD, and IRVEN DEVORE, eds.*Man, the Hunter.* Aldine, Chicago, 1968.

LE MAY,M., and GESCHWIND, N. "Hemispheric Differences in the Brains of Great Apes. " *Brain Behavior and Evolution.* Vol. 11, pp. 48–52, 1975.

LETTVIN, J. Y.,MATTURANA, H.R., McCULLOCH, W.S, and PITTS, W.J. "What the Frog's Eye Tells the Frog's Brain." *Proceedings of the Institute of Radio Engineers*, Vol.47, pp.1940–1951,1959.

LIEBERMAN,P., KLATT,D., and W.H.WILSON. "Vocal Tract Limitations on the Vowel Repertoires of Rhesus Monkeys and Other Nonhuman Primates." *Science*, Vol. 164, pp.1185– 1187,1969.

LINDEN, EUCENE. *Apes, Men and Language.* E. P. Dutton, New York, 1974.

LONGUET–HIGGINS, H. C. "Perception of Melodies." *Nature*, Vol. 263, pp.646–653, 1976.

MACLEAN, PAUL D. *On the Evolution of Three Mentalities*, to be published.

MACLEAN,PAUL, D.*A Triune Concept of the Brain and Behaviour.* University of Toronto Press, Toronto, 1973.

MCCULLOCH, W.S., and PITTS, W. "A Logical Calculus of the Ideas Immanent in Nervous Activity. " *Bulletin of Mathematical Biophysics*, Vol. 5, pp.115–133, 1943.

MCHENRY,HENRY. "Fossils and the Mosaic Nature of Human Evolution." *Science*, Vol. 190, pp. 425–431, 1975.

MEDDIS, RAY. "On the Function of Sleep." *Animal Behaviour*, Vol. 23, pp.676–691,1975.

METTLER,F.A.*Culture and the Structural Evolution of the Neural System.* American Museum of Natural History, New York, 1956.

MILNER, BRENDA,CORKIN,SUZANNE and TEUBER, HANs– LUKAS. "Further
    Analysis of the Hippocampal Amnesic Syndrome: 14–Year Follow–up Study
    of H.M." *Neuropsychologia*, Vol. 6, pp. 215–234,1968.

MINSKY, MARVIN. "Artificial Intelligence." *Scientific American*, Vol. 214, pp.
    19–27,1966.

MITTWOCH, URSULA. "Human Anatomy." *Nature*, Vol. 261, p. 364,1976.

NEBES,D., and R. W. SPERRY. "Hemispheric Deconnection Syndrome with
    Cerebral Birth Injury in the Dominant Arm Area." *Neuropsychologia*,
    Vol.9,pp. 247–259,1971.

OXNARD,C. E. "The Place of the Australopithecines in Human Evolution:
    Grounds for Doubt?" *Nature*, Vol. 258,pp.389–395,1975.

PENFIELD, W., and T.C.ERICKSON. *Epilepsy and Cerebral Localization*. Charles
    C Thomas, Springfield,Ill, 1941.

PENFIELD, W., and L.ROBERTS. *Speech and Brain Mechanisms*. Princeton
    University Press, Princeton, N.J.,1959.

PILBEAM, DAVID. *The Ascent of Man: An Introduction to Human Evolution*.
    Macmillan, New York, 1972.

PILBEAM, D., and S. J. GOULD. "Size and Scaling in Human Evolution. "
    Science, Vol. 186, pp. 892–901, 1974.

PLATT, JOHN R. *The Step to Man*, John Wiley, New York,1966.

PLOOG, D. W., BLITZ, J, and PLOOG, F. "Studies on Social and Sexual Behavior
    of the Squirrel Monkey(Saimari sciureus). " *Folia Primatologica*, Vol.
    1,pp.29–66, 1963.

POLIAKOV, G. I.*Neuron Structure of the Brain*. Harvard University Press,
    Cambridge,Mass, 1972.

PREMACK, DAVID. "Language and Intelligence in Ape and Man. " *American Scientist*, Vol. 64,pp. 674–683,1976.

PRIBRAM, K. H.*Languages of the Brain*. Prentice–Hall, Englewood Cliffs, N.J,1971.

RADINSKY,LEONARD, "Primate Brain Evolution. " *American Scientist*, Vol. 63, pp.656–663,1975.

RADINSKY,LEONARD. "Oldest Horse Brains: More Advanced than Previously Realized. " *Science*, Vol. 194,pp.626–627,1976.

RALL, W. "Theoretical Significance of Dendritic Trees for Neuronal Input–Output Relations. " In *Neural Theory and Modeling*, R. F.Reiss, ed., Stanford University Press, Stanford, 1964.

ROSE, STEVEN. *The Conscious Brain*. Alfred A. Knopf, New York, 1973.

ROSENZWEIG, MARK R., EDWARD L. BENNETT and MARIAN CLEEVES DIAMOND. "Brain Changes in Response to Experience. " *Scientific American*, Vol. 226, No. 2, pp.22–29, February 1972.

RUMBAUGH,D.M,, GILI, T. V., and E.C. VON GLASERFELD. "Reading and Sentence Completion by a Chimpanzec. " *Science*, Vol. 182, pp.731–735,1973.

RUSSELI, DALE A. "A New Specimen of Stenonychosaurus from the Oldman Formation (Cretaceous) of Alberta. " *Canadian Journal of Earth Sciences*, Vol.6, pp. 595–612,1969.

RUSSELI, DALE A. "Reptilian Diversity and the Cretaceous–Tertiary Transition in North America. " Geological Socicty of Canada Special Paper No. 13, pp. 119–136,1973.

SACAN, CARL. *The Cosmic Connection: An Extraterrestrial Perspective*. Doubleday,

New York, 1973; and Dell,New York,1975.

SACAN, CARI,ed. *Communication with Extraterrestrial Intelligence.*MIT Press, Cambridge, Mass., 1973.

SCHMITI,FRANCIS O.,PARVATI DEV, and BARRY H.SMITH. "Electrotonic Processing of Information by Brain Cells. " *Science*, Vol. 193, pp. 114– 120, 1976.

SCHALLER, GEORGE. *The Mountain Gorilla: Ecology and Behavior.* University of Chicago Press, Chicago, 1963.

SCHANK,R.C.,and K. M.COLBY,eds. *Computer Models of Thought and Language.* W.H. Freeman, San Fran– cisco,1973.

SHKLOVSKI, I.S., and CARL SAGAN. *Intelligent Life in the Universe.* Dell, New York, 1967.

SNYDER,F. "Toward an Evolutionary Theory of Dreaming. " *American Journal of Psychiatry*, Vol. 123, pp. 121–142,1966.

SPERRY,R.W. "Perception in the Absence of the Neocortical Commissures. " In *Perception and Its Disorders*, Research Publication of the Association for Research in Nervous and Mental Diseases, Vol. 48, 1970.

STAIL, BARBARA J. "Early and Recent Primitive Brain Forms. " *Proceedings of the Conference on Evolution and Lateralization of the Brain, Annals of the New York Academy of Sciences,*1977.

SWANSON, CARLP. *The Natural History of Man.*Prentice–Hall, Englewood Cliffs,N.J.,1973.

TENG,EVELYN LEE,LEE,P.H.,YANG, K.S,,and P.C. CHANG. "Handedness in a Chinese Population:Biological, Social and Pathological Factors. " *Science*, Vol. 193, pp.1148– 1150,1976.

TEUBER,HANS-LUKAS. "Effects of Focal Brain Injury on Human Behavior. " In *The Nervous System*, Donald B. Tower, editor-in-chief, Vol. 2: *The Clinical Neurosciences*. Raven Press, New York, 1975.

TEUBER, HANS-LUKAS,MILNER, BRENDA, and VAUGHAN, H.G.,JR. "Persistent Anterograde Amnesia after Stab Wound of the Basal Brain. " *Neuropsychologia*, Vol.6, pp. 267-282,1968.

TOWER,D.B. "Structural and Functional Organization of Mammalian Cerebral Cortex: The Correlation of Neurone Density with Brain Size. " *Journal of Comparative Neurology*, Vol. 101, pp. 19-51,1954.

TROTTER, ROBERT J. "Language Evolving, Part II. " *Science News*, Vol. 108, pp.378-383,1975.

TROTTER, ROBERT J. "Sinister Psychology. " *Science News*,Vol. 106, pp. 220-222, October 5,1974.

TURKEWITZ, GERALD. "The Development of Lateral Differentiation in the Human Infant." *Proceedings of the Conference on Evolution and Lateralization of the Brain, Annals of the New York Academy of Sciences*, 1977.

VACROUX,A. "Microcomputers." *Scientific American*,Vol. 232, pp. 32-40,May 1975.

VAN LAWICK-GOODALL, JANE, *In the Shadow of Man*. Houghton-Mifflin, Boston, 1971.

VAN VALEN, LEIGH. "Brain Size and Intelligence in Man. " *American Journal of Physical Anthropology*, Vol. 40, pp. 417-424,1974.

VON NEUMANN, JOHN. *The Computer and the Brain*. Yale University Press, New Haven, Conn., 1958.

WALLACE, PATRICIA. "Unravelling the Mechanism of Memory. " *Science*, Vol.

190, pp.1076–1078, 1975.

WARREN, J. M. "Possibly Unique Characteristics of Learning by Primates. " *Journal of Human Evolution,*Vol.3, pp,445–454,1974.

WASHBURN, SHERWOOD L. "Tools and Human Evolution. " *Scientific American*, Vol. 203, pp. 62–75, September 1960.

WASHBURN, S. L., and R.MOORE. *Ape Into Man.* Little, Brown, Boston, 1974.

WEBB, W.B.*Sleep, The Gentle Tyrant.* Prentice–Hall, Englewood Cliffs, N.J., 1975.

WEIZENBAUN, JOSEPH. "Conversations with a Mechanical Psychiatrist, " *The Harvard Review*, Vol. 1ll, No. 2,pp. 68–73, 1965.

WENDT, HERBERT. *In Search of Adam.* Collier Books, New York, 1963.

WITELSON, S. F,and W.PALLIE. "Left Hemisphere Specialization for Language in the Newborn: Neuroanatomical Evidence of Asymmetry. " *Brain*, Vol. 96, pp. 641–646,1973.

YENI–KOMSHIAN, G. H., and BENSON D. A. "Anatomical Study of Cerebral Asymmetry in the Temporal Lobe of Humans, Chimpanzees, and Rhesus Monkeys. " *Science*, Vol. 192, pp. 387–389,1976.

YOUNG, J. Z. *A Model of the Brain.* Clarendon Press, Oxford, 1964.

译者后记

　　本书作者卡尔·萨根先生自谦道，撰写这样一部与其专业相去甚远的著作，至少也该被称为鲁莽。那么只敢以科学爱好者自居的译者，担此翻译重任时内心的惴惴不安更是不必细说。不过我仍然非常庆幸能够获得编辑老师的垂青和信任，因为在文字和专业两方面的艰深带来的巨大压力之外，我在翻译过程中内心时时洋溢着一种难以言表的喜悦。这是因为我不仅仅自己读到了一本好书，更以能够亲自将它译介给同胞而自豪。

　　本书的主题是对我们这个物种的致敬。人类这种动物从身体构造上来看或许称不上强大，可是今天人类不仅已经稳居食物链的最顶端，更是建立了辉煌的文明。我们创作了歌剧和史诗，还窥探着宇宙边缘的星系和亚原子粒子的结构。这一切成就都要归功于我们头颅中那一团灰白色的器官。作者还在书中论述道，智能是人类基本的特质，而智能的物质基础——新皮层的发育决定了人类生命特有的神圣不可侵犯。在译者看来，当萨根先生从古生物学、生理学乃至信息论的角度对智能的产生和发展作出阐释，他是在从根本上为人类树立起不可动摇的尊严。

　　大概从创生之初，人类便已经发现自己的与众不同：和大自然的电闪雷鸣、风起云涌同样惊人的是自己竟然在思考这些现象的成因。

古人迫于认识的局限，创造了宗教来解释世界和自己这种"万物之灵"的由来。殊不知，通过把人的价值依附于虚无缥缈的神明，把对神的崇拜当成道德的要求，宗教是对我们这个独特物种的贬损。唯有坚持从生理结构和进化历史中寻找智能的成因，才能真正踏入充满各种可能性的自由王国。因为如果智能是在一个唯物的宇宙中物质进化的自然结果，那么我们的尊严仅仅取决于我们自己的良知和理智。

另外，本书的论述本身是关于如何运用智能的绝佳范例。人类对客观世界认识的不断深入，知识的不断积累，靠的是以实证和逻辑为主要工具的科学研究方法。本书中列举了大量与脑科学相关的考古发现、研究实验，并在此基础上，以娓娓道来的分析和推理将人类智能的历史、现状及展望翔实地呈现于读者面前。比起来满目的信仰，求真务实的探求是一种优雅得多的智力活动，是心灵充实和快乐的根本保障。

原书出版于 1977 年。40 多年已经过去，可以想象相关学科经历过了多么翻天覆地的发展。比如说，比较解剖学使人们对人脑及动物脑的结构有了很多全新认识，在书中具有重要地位的"三重脑"假说因而受到了动摇。不过科学并不曾做出全知全能的承诺，它所保证的乃是，只要坚持正确的方法，便会始终走在通往真理的正确道路上。我们如今走得比过去更远，不应当成为否定过去乃至科学本身的理由。

以上心得，也是我愿意向读者推荐本书的原因。

感谢家人在我翻译本书时给予的支持和鼓励。希望这部我有幸付诸心血的进口精神食粮成为家人喜爱的礼物。

图书在版编目（CIP）数据

伊甸园的飞龙/（美）卡尔·萨根（Carl Sagan）著；
秦鹏译. --重庆：重庆大学出版社，2023.6

ISBN 978-7-5689-2049-0

Ⅰ.①伊…　Ⅱ.①卡…②秦…　Ⅲ.①人工智能—
普及读物　Ⅳ.①TP18-49

中国国家版本馆CIP数据核字（2023）第057740号

伊甸园的飞龙
YIDIANYUAN DE FEILONG

［美］卡尔·萨根　著
秦　鹏　译
策划编辑：王　斌
责任编辑：李桂英
版式设计：张　晗
责任校对：邹　忌
责任印制：赵　晟

重庆大学出版社出版发行
出版人：陈晓阳
社址：重庆市沙坪坝区大学城西路21号
邮编：401331
电话：（023）88617190　88617185（中小学）
传真：（023）88617186　88617166
网址：http://www.cqup.com.cn
邮箱：fxk@cqup.com.cn（营销中心）
全国新华书店经销
印刷：重庆市国丰印务有限责任公司
*
开本：890mm×1240mm　1/32　印张：7.75　字数：195千
2023年9月第1版　　2023年9月第1次印刷
ISBN 978-7-5689-2049-0　　定价：49.00元